中等职业教育公共基础课系列教材

安全知识教育

主　编　周礼妤

副主编　续艳霞　杜红英

科学出版社

北　京

内 容 简 介

本书较为系统地介绍了中等职业学校的学生在实际生活中所面临的家庭校园安全、交通安全、消防安全、食品安全、个人行为安全及其他安全问题，如户外活动安全、急救技能、自然灾害和传染病等诸多方面的相关知识，又普及了在工作岗位上成为技能型人才所应该具有的安全知识；既让学生可以掌握必备的安全防范技能，又可以增强遵纪守法的观念和安全防范的意识，提高了自我保护能力。

本书具有较强的针对性、指导性和实用性，适合中等职业学校各专业学生使用，也可作为广大读者的安全知识读物。

图书在版编目（CIP）数据

安全知识教育/周礼好主编．—北京：科学出版社，2009．9
（中等职业教育公共基础课系列教材）
ISBN 978-7-03-025378-1

Ⅰ.安… Ⅱ.周… Ⅲ.安全教育-专业学校-教材 Ⅳ.X925

中国版本图书馆 CIP 数据核字（2009）第 149849 号

责任编辑：吕建忠 张 斌／责任校对：赵 燕
责任印制：吕春珉／封面设计：东方人华平面设计部

科学出版社 出版
北京东黄城根北街 16 号
邮政编码：100717
http：//www.sciencep.com

新科印刷有限公司 印刷
科学出版社发行 各地新华书店经销
*
2009 年 9 月第 一 版 开本：787×1092 1/16
2020 年 1 月第十二次印刷 印张：9 1/2
字数：213 000

定价：28.00 元

（如有印装质量问题，我社负责调换〈新科〉）
销售部电话 010-62136230 编辑部电话 010-62135763－2015（SP04）

前　言

中等职业学校的学生，生活经验不够丰富，社会阅历比较浅。在安全问题上，特别是在防盗、防骗、防滋扰、防意外伤害等方面缺乏基本常识，致使个人行为的安全问题比较突出。为了维护正常的教学和生活秩序，保障学生人身和财物的安全，促进学生的身心健康发展，必须对学生进行安全教育。

目前，许多中等职业学校虽然也对学生进行相关的安全教育，但主要内容基本上局限于校内安全，比如在进行跑步、打球、踢球、单双杠类的体育活动时应注意的安全事项等，老师就一些可能发生的不安全情况的避免和事后处理，给学生作一些示范。针对校外的安全教育，多以交通安全教育为主，但主要形式也是请交警或相关人员讲课；做的好一点的学校，会有针对性地给学生组织一些安全防范实践或演练。然而，我国自然地理环境复杂，各种自然灾害很多，一般性的社会问题也广泛存在。很多学校对这些方面的安全教育比较缺少。因此，对安全知识的教育和普及迫在眉睫。针对中职学生安全教育目前所面临的窘境，本书拟在填补这方面的缺失，并在这方面进行有益的探索。

本书主要是介绍中职学生在实际生活中所面临的家庭校园安全、交通安全、消防安全、食品安全、个人行为安全以及日常生活中的其他安全问题如户外活动安全、急救技能、自然灾害和传染病等诸多方面的相关知识，同时普及以后走上工作岗位成为技能型人才所应该具有的安全知识；既让学生可以掌握必备的安全防范技能，又可以增强遵纪守法的观念和安全防范的意识，提高自我保护能力，对预防和减少违法犯罪具有重要意义。

本书文字浅显易懂，可读性、操作性强，力求以翔实的案例，通俗的语言，深入浅出地介绍中职学生所面对的安全知识。既为教师提供了相应的教学资料，又为学生提供了切实可行的应对知识和方法。

在本书的编写过程中，主要参考了该领域其他学者的著作，对此表示感谢。另外，在资料收集过程中借鉴了国内知名网站的重要信息。

由于编者水平有限，书中难免会有一些不足，希望读者予以谅解，并提出宝贵意见。

目　录

第一章　家庭和校园安全

同学们生活在幸福、温暖的家庭里，有父母和家人的关心、爱护，似乎并不存在什么危险。但是，家庭生活中仍然有许多事情需要倍加注意和小心对待，否则很容易发生危险，酿成事故。

校园安全教育一直备受关注。由于多种因素的影响，目前，全国每年约有1.6万名中小学生非正常死亡，平均每天约有40名学生死于食物中毒、溺水、交通或安全事故；40万至50万左右的孩子遭到中毒、触电、他杀等意外伤害，而这些事故有相当一部分是在学校发生的。如何加强校园的安全预防教育，让孩子免受侵害，这不仅是学校的责任，也是家庭和社会的责任。

第一节　居家安全常识

一、独自在家时的安全防范

（1）锁好防盗门。

（2）就寝前确认“五关”：关水、关电、关燃气、关门、关窗。

（3）有人敲门先观察后询问，若是陌生人，坚决不开门。

（4）若是修理工上门，要确认是否预先约定，检查来者证件并仔细询问，确认无误后方可开门。家中需要修理服务时，最好有家人、朋友在家陪伴或告知邻居。

（5）若有人以同事、朋友或远方亲戚的身份要求开门，不能轻信。

（6）若有上门推销者，可婉拒。切勿贪小便宜，以免追悔莫及。一定不要因来者为女性而减少戒心。

（7）遇到陌生人在门口纠缠并坚持要进入室内时，可打电话报警或者到阳台、窗口高声呼喊，向邻居、行人求援。

（8）遗失钥匙应尽快通知家人，并视情况配换新锁。

（9）重要证件如银行卡、钥匙、身份证、名片等物要分散放置，不要集中放在一个包里。记录证件号码及服务电话，保留证件复印件，若不慎遗失要尽快挂失。

二、夜间返家

（1）到家之前提前准备钥匙，不要在门口寻找。迅速进屋，并随时注意是否有人跟踪或藏匿在住处附近的死角。

（2）尽量乘电梯不走楼梯。

（3）若发现可疑现象，切勿进屋，并立刻通知警方。

（4）日常外出随身带钥匙，出门立即锁门。

（5）“五关”：关水、关电、关气、关门、关窗。

三、外出旅游

（1）请朋友、邻居代为处理信件、报纸、小广告等，以免盗贼判断家中无人。

（2）拜托邻居、居委会和保安多关照，留下自己的联系方式。

（3）若条件允许，使用定时器操纵屋内的电灯、音乐，布置出有人在家的样子，以此迷惑不法分子。

（4）长期不在家时，须拔掉电话接线，并将门铃的电池卸下，以免长时间响铃暴露家中无人。

第二节 家庭用电安全

随着人们生活水平的提高，家用电器的不断增加，在用电过程中，因电器设备本身的缺陷、使用不当和安全技术措施不利而造成的人身触电和火灾事故，给人们的生命财产带来了不应有的损失。了解和掌握安全用电常识，安全使用各种家用电器，可以有效预防各类事故的发生，保护设备和人身安全。

一、家庭安全用电的措施

随着家用电器的普及使用，正确掌握安全用电知识，确保用电安全至关重要。

（1）不要购买“三无”的假冒伪劣家用产品。

（2）使用家电时应有完整可靠的电源线插头，对金属外壳的家用电器都要采用接地保护。

（3）不能在地线上和零线上装设开关和保险丝，禁止将接地线接到自来水、煤气管道上。

（4）不要用湿手接触带电设备，不要用湿布擦抹带电设备。

（5）不要私拉乱接电线，不要随便移动带电设备。

（6）检查和修理家用电器时，必须先断开电源。

（7）家用电器的电源线破损时，要立即更换或用绝缘布包扎好。

（8）家用电器或电线发生火灾时，应先断开电源再灭火。

二、发生触电事故的主要原因

统计资料表明，发生触电事故的主要原因有以下几种：

（1）缺乏电气安全知识：在高压线附近放风筝；爬上高压电杆掏鸟窝；低压架空线路断线后在没有停电的情况下，用手去捡火线；用手接触破损的胶皮盖刀闸。

（2）违反操作规程：连接线路或电器设备而又未采取必要的安全措施；触及破坏的设备或导线；带电连接照明灯具；带电修理电动工具；带电移动电器设备；用湿手拧灯泡等。

（3）设备不合格、安全距离不够：二线一地制接地电阻过大；接地线不合格或接地线断开；绝缘皮破损导线裸露在外等。

（4）设备失修：大风刮断线路或刮倒电杆未及时修理；胶皮盖刀闸的胶木损坏未及时更换；电动机导线破损，使外壳长期带电；瓷瓶破坏，使相线与拉线短接，设备外壳带电。

（5）其他偶然原因：夜间行走触碰断落在地面的带电导线。

【案例链接】2007 年 3 月 26 日下午 3 时 50 分，四川省青神县青城机械厂铸造车间扩建工地发生一起触电伤亡事故，当场造成 2 人死亡，1 人受伤。青神县青城机械厂邓某与建筑施工工人方某正在新建厂内工作，因现场一铁架妨碍施工，便邀约门卫杨某帮助移开，在此过程中与横穿厂区的 35 千伏高压线发生接触，使供电系统跳闸，并造成该线路部分企业和城区停电，邓某、方某当场死亡，杨某受伤，如图 1-1 所示。

图 1-1　画圈处就是铁架与 35 千伏高压电线的接触点

三、发生触电时应采取的救护措施

发生触电事故时，在保证救护者本身安全的同时，必须首先设法使触电者迅速脱离电源，然后进行以下抢救工作：

（1）解开妨碍触电者呼吸的紧身衣服。

（2）检查触电者的口腔，清理口腔的粘液，如有假牙，则取下。

（3）立即就地进行抢救，如呼吸停止，采用口对口人工呼吸法抢救；若心脏停止跳动或不规则颤动，可进行人工胸外挤压法抢救，决不能无故中断，如果现场除救护者之外，还有第二人在场，则还应立即进行以下工作：

1）提供急救用的工具和设备。

2）劝退现场闲杂人员。

3）保证现场有足够的照明并保持空气流通。

4）请医生前来抢救。

实验研究和统计表明：如果从触电后 1 分钟开始救治，则救活的几率可达到 90%；如果从触电后 6 分钟开始抢救，则仅有 10% 的救活机会；而从触电后 12 分钟开始抢救，则救活的可能性极小。因此当发现有人触电时，应争分夺秒，采用一切可能的办法。

四、防止电气火灾事故及发生火灾后的处理措施

首先，在安装电气设备的时候，必须保证质量，并应满足安全防火的各项要求。要使用合格的电气设备，破损的开关、灯头和破损的电线都不能使用，电线的接头要按规定连接法牢靠连接，并用绝缘胶带包好。对接线桩头、端子的接线要拧紧螺丝，防止因接线松动而造成接触不良。电工安装好设备后，并不意味着可以一劳永逸了，用户在使用过程中，如发现灯头、插座接线松动（特别是移动电器插头接线容易松

动）、接触不良或有过热现象，要找电工及时处理。

其次，不要在低压线路和开关、插座、熔断器附近放置油类、棉花、木屑、木材等易燃物品。

电气火灾前，都有一种前兆，要特别引起重视，即电线过热会烧焦绝缘外皮，散发出一种烧胶皮、烧塑料的难闻气味。所以，当闻到此气味时，首先应想到可能是电气方面原因引起的，如查不到其他原因，应立即拉闸停电，直到查明原因，妥善处理后，才能合闸送电。

万一发生了火灾，不管是否因电气方面引起，首先要想办法迅速切断火灾范围内的电源。因为，如果火灾是电气方面引起的，切断电源就切断了起火的火源；如果火灾不是电气方面引起的，也会烧坏电线的绝缘，若不切断电源，烧坏的电线会造成碰线短路，引起更大范围的电线着火。发生电气火灾后，应盖土、盖沙或使用灭火器，决不能使用泡沫灭火器，因为其灭火剂是导电的。

五、家庭用电安全“提醒”

现代家庭，从客厅到卧室、从餐厅到厨房等，各种家用电器无处不在，使人们的生活变得轻松便利、愉悦快乐。然而，人们在尽情享受现代生活的同时，一定不要轻视和忽略用电安全，这里就具体使用各类家用电器容易忽略的问题，向大家提醒。

（1）给手机、数码相机、剃须刀、电瓶车等充电，不应将其放在易燃物旁。由于有的充电器、充电电池可能质量不过关，或充电过程中的电压不稳定（尤其是下半夜用电低谷期电压过高），有可能自燃起火。提醒大家，尽量不要在晚上睡觉时或没人时给电器充电，另外，充电时，一定要远离易燃物品，避免电池（或充电器）着火将其引燃。

（2）看完电视、用完电脑、吹完空调后，不要只关掉其自身开关便了事。这种懒得拔电源插头的做法，存在着一定的安全隐患。因电器本身的开关大都设计在变压器的副边，断不开与电源直接连接的初级线圈，其始终处于通电发热的状态，浪费电不说，初级线圈的电绝缘层还可能炭化短路，容易引起火灾。另外，在雨季，雷电会通过电线击毁电器，不拔电源更容易“引火烧身”。因此，提醒大家，要养成使用完电器就断开电源（最好是拔下插头）的良好习惯，这样做有利无害。

（3）使用电饭锅（煲）、电磁炉、电冰箱、热水器、洗衣机、饮水机、电风扇等，不要不设接地线。以上电器都有接地线插头，防止机体（壳）漏电，以保护使用者。而有的家庭使用这些电器时，对已安装了具有接地功能三孔插座的还能正确使用，若没有，就视插头的接地爪为累赘，干脆将其弄掉，插进两孔插座里使用。岂不知，若电器万一漏电而不能通过接地线入地，只能电到使用者，轻者受伤，重者危及生命！因此，提醒大家，尤其是使用那些需直接碰触的电器，不要无所谓，一定要接地使用。

（4）在软体床上不要使用电热毯，这样容易折断电热丝而引起火灾。提醒大家，睡软体床一定不能使用电热毯，若需使用，可给空被窝预热后，在人上床前撤下电热毯。

（5）使用电饭锅、微波炉、电熨斗、电热器等大负荷电器，不要随意插在墙体插座或引线插座上。有一家庭购买了一台电饭煲，却随便找了个引线插座使用，结果由于引线过细承受不住大负荷，导致线芯过热引起火灾。因此，提醒使用大负荷电器者，一定要使用有足够承载量的引线和插座，同时也要考虑墙体插座和墙内线的负荷承载能力，若达不到负荷要求，应该从电表处单独拉一条能够有效承载的电源线。

（6）家用保险丝的选配

家庭用的保险丝应根据用电容量的大小来选用。如使用容量为 5 安的电表时，保险丝应大于 6 安小于 10 安；如使用容量为 10 安的电表时，保险丝应大于 12 安小于 20 安，也就是选用的保险丝应是电表容量的 1.2 ~2 倍。选用的保险丝应是符合规定的一根，而不能以小容量的保险丝多根并用，更不能用铜丝代替保险丝使用。

六、家庭火灾的防范知识

（1）教育孩子不玩火，不玩弄电器设备。

（2）不乱丢烟头，不躺在床上吸烟。

（3）不乱接乱拉电线，电路熔断器切勿用铜、铁丝代替。

（4）炉灶附近不放置可燃易燃物品，炉灰要完全熄灭后再倾倒，草垛要远离房屋。

（5）明火照明时不离人，不要用明火照明寻找物品。

（6）离家或睡觉前要检查电器具是否断电，燃气阀门是否关闭，明火是否熄灭。

（7）利用电器或灶膛取暖、烘烤衣物，要注意安全。

（8）发现燃气泄漏，要迅速关闭气源阀门，打开门窗通风，切勿触动电器开关和使用明火，并迅速通知专业维修部门来处理。

（9）不能随意倾倒液化气残液。

（10）家中不可存放超过 0.5 公升的汽油、酒精、香蕉水等易燃易爆物品。

（11）切勿在走廊、楼梯口等处堆放杂物，要保证通道和安全出口的畅通。

（12）不在禁放区及楼道、阳台、柴草垛旁等地燃放烟花爆竹。

家庭火灾防范知识图解如图 1-2 所示。

图 1-2　家庭火灾防范知识图解

图 1-2 家庭火灾防范知识图解（续）

图 1-2　家庭火灾防范知识图解（续）

七、电力标志

日常生活中常见电力标志如图 1-3 所示。

禁止合闸

当心触电

当心电缆

禁止攀登

图 1-3　电力标志

第三节　家庭中毒处理

一、家庭化学品中毒的紧急处理

（1）发胶：眼睛、皮肤接触可用大量清水冲洗，出现中毒症状者到医院就诊，过敏者禁止继续使用。

（2）润肤品：误食不含溴酸盐、硼砂的冷霜类化妆品无需处理。若摄入含有含溴酸盐、硼砂的冷霜类化妆品，应口服催吐药物或人工催吐后口服牛奶。出现中毒现象者到医院治疗。

（3）脱毛剂：误服者要立即口服催吐药物或人工催吐，催吐后给患者口服牛奶或活性炭。发生过敏反应时立即停用脱毛剂。出现中毒表现者立即到医院就诊。

（4）染发剂：皮肤污染要及时用清水冲洗。误食者及时口服催吐药物或是人工催吐，催吐后给患者口服活性炭。出现中毒表现者立即到医院就诊。

（5）空气清新剂：皮肤接触者要立即用肥皂水和凉水彻底清洗。口服者可口服催吐药物或手工催吐，3 小时内不要口服牛奶或含高脂肪的食物。出现中毒症状者要及时到医院就诊。

（6）厕所清洁剂：皮肤接触者要立即用清水清洗皮肤至少 15 分钟；衣服污染者要立即脱去衣服，并直接用水冲洗衣服被污染的部位；溅入眼睛者要及时用流动的水冲洗眼部 15 分钟，冲洗时须将眼睑分开；口服者 10 分钟以内，可一次口服清水 1000 毫升或大量饮用牛奶，但如口服时间超过 10 分钟，就不能饮用任何液体了，不可催吐，因催吐时反流的酸性液体会腐蚀食道和咽喉，对神志清醒者可让其用清水漱口并吐出，对有灼烧感或其他中毒表现者要立即到医院诊治。

（7）消毒防腐杀菌产品：眼中溅入后要尽快用清水冲洗，持续时间不少于 20 分钟。皮肤接触者要尽快脱去污染的衣物，用肥皂和清水彻底清洗。对口服量少，仅出现恶心、呕吐者可口服牛奶，一般能够较快的恢复正常。对接触量较大或虽接触量少但出现局部或全身中毒者要速到医院治疗。

（8）餐具、果蔬洗涤剂：溅入眼睛后，要及时用清水冲洗。误服者可口服牛奶或温开水，无需催吐。

二、煤气中毒的紧急处理

【案例链接】2005 年 2 月的一个寒冷夜晚，深圳市南山区南头城小学二年级学生袁媛，在父母双双煤气中毒晕倒在浴室的危急关头，临危不惧，镇定地按照在学校学到的安全知识，迅速关上液化气罐阀门，打开门窗，然后跑到室外用父亲的手机拨打 110、120，赢得了宝贵的抢救时间，将父母从死亡线上拉了回来。派出所的民警说："她的冷静和急救能力，就连不少成年人也望尘莫及！"

1. 煤气中毒的原因

一氧化碳是含碳物质燃烧不完全时的产物，经呼吸道吸入引起中毒。

（1）工业上炼钢、炼铁、炼焦以及化学工业上合成氨，甲醛等都要接触一氧化碳。

（2）生活过程中，在通气不良的室内烧煤取暖或使用燃气加热器淋浴都可发生一氧化碳中毒。

2. 家庭煤气中毒的症状

家庭煤气中毒主要指一氧化碳、液化石油气、管道煤气、天然气中毒。一氧化碳中毒多见于冬天用煤炉取暖，门窗紧闭、排烟不良时，余者常见于液化灶具漏泄或煤气管道漏泄等。煤气中毒时病人最初感觉为头痛、头昏、恶心、呕吐、软弱无力，当他意识到中毒时，常挣扎下床开门、开窗，但一般仅有少数人能打开门，大部分病人迅速发生抽搐、昏迷，两颊、前胸皮肤及口唇呈樱桃红色，如救治不及时，可很快因呼吸抑制而死亡。煤气中毒依其吸入空气中所含一氧化碳的浓度、中毒时间的长短，常分三型：

（1）轻型：中毒时间短，血液中碳氧血红蛋白为10%～20%。表现为中毒的早期症状，头痛眩晕、心悸、恶心、呕吐、四肢无力，甚至出现短暂的昏厥，一般神志尚清醒者，吸入新鲜空气，脱离中毒环境后，症状会迅速消失，一般不留后遗症。

（2）中型：中毒时间稍长，血液中碳氧血红蛋白占30%～40%，在轻型症状的基础上，可出现虚脱或昏迷。皮肤和黏膜呈现煤气中毒特有的樱桃红色。如抢救及时，可迅速清醒，数天内完全恢复，一般无后遗症状。

（3）重型：发现时间过晚，吸入煤气过多，或在短时间内吸入高浓度的一氧化碳，血液中碳氧血红蛋白浓度常在50%以上，病人呈现深度昏迷，各种反射消失，大小便失禁，四肢厥冷，血压下降，呼吸急促，会很快死亡。一般昏迷时间越长，病情越严重，常留有痴呆、记忆力和理解力减退、肢体瘫痪等后遗症。

【案例链接】2009年4月4日凌晨4时左右，哈尔滨市香坊区农电街9号2门一临街平房内发生一起煤气中毒事故，造成4人死亡2人受伤，原因可能是对炊具操作不当漏气造成，如图1-4所示。

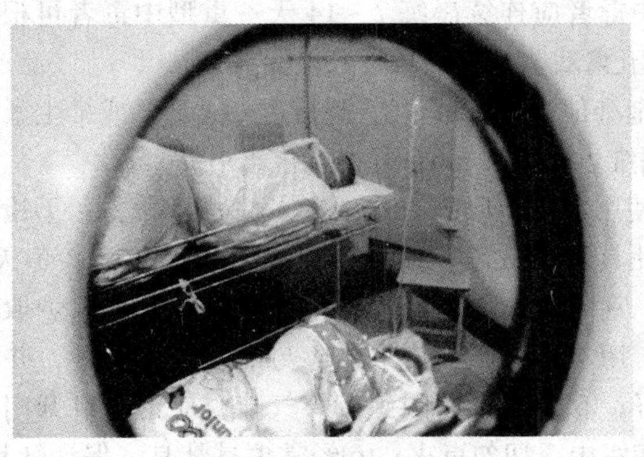

图1-4 煤气中毒者在医院的高压氧舱内接受治疗

3. 煤气中毒的治疗

迁移病人到空气畅通场所，但必须保持温暖，避免着凉，不可赤身露体。轻症患者离开有毒场所即可慢慢恢复。

供氧非常重要，因为吸入氧浓度越高，血内一氧化碳分离越多，排出越快。研究表明，血中一氧化碳减半时间，在室内需200分钟，吸纯氧时需40分钟。故使用高压氧舱是治疗一氧化碳中毒最有效的方法。将病人放入2～2.5个大气压的高压氧舱内，经30～60分钟，血内碳氧血红蛋白可降至0，并使心脏不受损害。

中毒后36小时再用高压氧舱治疗，效果不大。要尽快进高压氧舱，可以减少神经、精神后遗症和降低病死率。高压氧还可使血管收缩，减轻组织水肿，对防治肺水肿有利。如有条件亦可用氧和二氧化碳混合物（氧约93%，二氧化碳约7%），二氧化碳为刺激呼吸的重要因素，故不论早晚期都宜在输氧时供给一些二氧化碳。一般没有供二氧化碳条件和高压氧舱处，对呼吸困难的病例，在人工呼吸或给氧的时候，可间断进行口对口人工呼吸。此外，强心剂、呼吸剂、输液、输血，对治疗休克、脑水肿及抗感染等均十分重要。人工冬眠降温疗法也有一定效果。

急性中毒后2～4小时，病人可呈现脑水肿，24～48小时达高峰，并可持续多日，故应及时应用脱水剂如甘露醇与高渗葡萄糖等交替静脉滴注，同时并用利尿剂及地塞米松。轻者在数日内完全复原，重者可发生神经性后遗症。治疗时如果暴露于过冷的环境，易并发肺炎。

4. 煤气中毒的预防

应广泛宣传，室内用煤火时应有安全设置（如烟囱、小通气窗、风斗等），说明煤气中毒可能发生的症状和急救常识，尤其强调煤气对婴儿危害的严重性。煤炉烟囱安装要合理，没有烟囱的煤炉，夜间要放在室外。

5. 煤气中毒恢复后的处理

（1）坚持早晨到公园或在阳台进行深呼吸运动、扩胸运动、打太极拳，每天30分钟左右，轻、中型中毒者应连续晨练7～14天；重型中毒者可根据后遗症情况，连续晨练3～6个月，作五禽戏、铁布衫功、八段锦等。

（2）继续服用金维他每天1～2丸，连服7～14天，或维生素C 0.1～0.2克，每天3次，亦可适量服用维生素B1、B6，复合维生素B等。

（3）检查煤气使用情况，以防再次中毒。检查步骤为：①检查煤气有无漏泄，安装是否合理，燃气灶具有无故障，使用方法是否正确等；②冬天取暖方法是否正确，煤气管道是否畅通，室内通风是否良好等；③尽量不使用煤炉取暖，如果使用，必须遵守煤炉取暖规则，切勿马虎；④热水器应与浴池分室而建，并经常检查煤气与热水器连接管线是否完好；⑤如入室后闻到有煤气味，应迅速打开门窗，并检查有无煤气漏泄，如果有煤炉在室内，切勿点火；⑥经常擦拭灶具，保证灶具不致造成人体污染，在使用煤气开关后，应用肥皂洗手，并用流水冲干净。在厨房内安装排气扇或排油烟机；⑦一定要使用煤气专用橡胶软管，不能用尼龙、乙烯管或破旧管子，每半年检查一次管道通路。

第四节　校园暴力

近年来，校园惨案时有发生，2004年公安机关在全国范围内开展学校及周边治安秩序集中整治行动，破获侵害师生人身财产安全的违法犯罪团伙1358个，查破刑事、治安案件18433起，抓获违法犯罪嫌疑人13669名。

据中国青少年犯罪研究会统计资料表明，近年，青少年犯罪总数已占到了全国刑事犯罪总数的70%以上。在经常遭受校园暴力影响的学生中，有27.9%的人认为“最好把所有的法律都废除”；有58.4%的人认为“为达目的可以不惜代价”；有45.9%的人表示“有时我想借故和别人打架”；有44.3%的人同意“我脑中常常出现一些坏的、可怕的字眼，无法摆脱它们”。而上述比例都远远高于没有经常遭受校园暴力的学生。

【案例链接】案例一：商洛技校2004级新生许琳杀害舍友郭某和于某后出逃，11月5日凌晨，潜逃了3天的许琳被商州警方从亲戚家抓获。

案例二：西安南郊某中专学校两名女生将该校一名16岁女同学叫到自己宿舍内，逼其脱光衣服后，殴打谩骂了2个小时。

案例三：2009年5月18日晚7点半上晚自习前，云南孟连县一中的初二女生小艳（化名），被该县主管教育的副县长之女、该校初三女生小思（化名）带领7名同校女生拖进厕所，打耳光、高跟鞋砸头、拳打脚踢，期间小艳嘴里被强行塞入从厕所里捡起的脏卫生巾，外衣被脱下丢进粪坑，整个过程长达10分钟。施暴者还用手机拍下照片和视频。

以上这几个案例，仅仅是近期内在网络上曝光的。是什么样的原因，使得现在的孩子在处理矛盾纠纷时，舍弃正规渠道而采用如此极端的江湖行为呢？这种极端的江湖行为的背后，是否又有着更深层次的道德价值取向问题和心灵畸变现象？

一、校园暴力的原因

1. 个性张扬中的狭隘自私与冷酷

相当多的家长越来越读不懂自己的孩子。孩子越大，接受的知识越多，和家长间的隔阂往往就越深。其实这种隔阂的焦点，就是两种不同价值取向的相互冲突。无论是做家长的，还是做子女的，都是立足在自身价值取向的基础上，试图用自己的价值观来规范对方的行为，这就势必要产生矛盾。

问题的关键是总有少数家长的价值取向是非理性的，甚至是自相矛盾的。一方面，家长总是希望孩子能在学业上和品行上都出类拔萃；另一方面，出于本性，又时刻担心孩子遭受挫折或蒙受委屈，这种两难中的家长，大多学会了通过物质或其他途径来补偿的办法，以此来求得自己内心的平衡。

然而这种补偿多数情况下被演化成了一种放纵——文化课学习之外的放纵。由于放纵，孩子个性中的很多弱点被淡化忽视，许多违反行为规范的举动被认可甚至纵容。这些小错的点滴积累，慢慢地养成了孩子个性中的狭隘自私与冷酷，使得孩子在处理问题时不能通过理性和规范来约束行为，而是率性而为不顾后果。因为从小到大，在相当多的孩子的脑海中，就没有贮存过关爱他人、与人为善的传统美德。写满他们人生词典的，都是竞争、残酷、为了目的不择手段。

正是这种极端的个人中心思想，养成了孩子唯我独尊的畸形心态，形成了遇到事情只考虑自身利益、漠视他人存在的狭隘性格。在这种心态的支配下，一旦自身利益受到了外界的侵犯，就立刻会采取一些极端行为来进行反击，其中就不乏通过伤害对方身体或者性命来发泄自身的愤怒的“江湖仇杀”行为。

2. 万千宠爱集一身的价值取向错觉

对于独生子女，“4+2+1”的家庭结构形式，使得1个孩子处于6个成年人浓浓关爱的包围中。这6份关爱的交汇，织成了一张厚重而温柔的网，呵护起孩子从童年到青年的一切，遮挡住孩子可能遭受的挫折和坎坷。

但正是这爱的网，人为地切断了个体的孩子和整个社会的有机交融，使得孩子的活动绝大多数情况下被局限在这要风有风要雨得雨的狭隘范围内。在这个狭小的家庭王国中，孩子是当然的国王，是家庭一切活动中的最高权威。孩子的要求，无论是对的还是错的，多数情况下，总会获得满足。于是，一切的付出都开始扭曲了，成了一种理所当然的支出。孩子心灵的田园，丧失了感恩的思想，只有唯我独尊的莠草在没有约束地漫延。

当孩子的心中充斥了自我中心的思想意识之后，他的价值取向也就滑入了错觉的泥淖中。这种错觉，养成了他不能承受任何轻视嘲弄，更不能承受肉体和精神伤害的脆弱心理。而一旦这样的伤害成为了事实之后，他们或是无法应对，躲避退让，最终成为忍气吞声的被伤害者；或是恼羞成怒，愤然出击，选择他们认为最好的“江湖”方法来解决问题。

更严重的是，在极端宠爱中长大的孩子，往往在不自觉中就产生了别人必须听从于我的错觉。他们把这种错觉带入了校园，在和同学交往的过程中，总是希望时时刻刻能站在上风，希望大家都能听命于自己，希望是“老大”。然而，有这样心态的孩子太多，“老大”却只能是一个，矛盾自然也就产生了：大家都要做“老大”，学校又不可能来承认这样的位次，家长对此也是无能为力，如何解决呢？只有用从小说和电视上学来的方法，通过“江湖决战”来解决问题。而这样的“老大”形成后，其自身又确实能体味到一种满足，其他弱小者为了不被欺凌，或主动或被迫地总要巴结讨好他们。如此，又反过来助长了他们的病态心理需要。

3. 教育惩戒功能丧失后的放纵

当教育民主被哄抬到一个不切实际的高度之后，教育就成了一个什么人都可以指手画脚的行业。教育的神圣外衣被媒体用尖刻的文字描绘成了一个令人望而生厌的黑斗篷。所以，绝大多数学校再不敢轻易地处分一个学生，哪怕这个学生已经无恶不作。更有的省份干脆由决策机构下文来统一规定，彻底废除中小学校沿袭多年的最严厉的处分——开除。

然而，教育永远都不是万能的。失去了必要的惩戒功能后的校园，并没有出现想象中的那种人人知书达理的好现象，反而是因为没有了高悬在头顶的“达摩克里斯之剑”，一些原先收敛的恶行便都敢于公开表现出来。这些校园病毒又相互感染，使得原本健康的校园文化肌体上开始出现块块腐烂的肌肉。

惩戒功能的丧失，催动了畸形心理的自由萌发，使得丑陋和猥亵都变得无所畏惧；反过来，这些个性中的丑陋，又在惩戒的日益退缩中越发的强大起来，并慢慢地自发凝结成一个个的团体，形成了带有明显江湖色彩的小集团。这些小集团，常常为了点滴小事而发生斗殴，甚至是团伙持械斗殴，严重地干扰学校正常的教学，也直接危害了社会治安。但即使如此，学校能采用的，也只是说服教育。这种说服教育和那血淋淋的砍杀相对照，是多么的苍白无力。

4. 教师权威地位颠覆后问题归属的误判

与教育惩戒功能同步丧失的，是“师道”的尊严扫地。在中学生特别是中职学生的眼中和心中，教师仅仅成为了一种最没有用的读书人的代名词。教师失去了应该获得的尊重和感恩，师生间的关系、教师和家长间的关系也日趋微妙起来。在相当多的家长和学生心目中，老师成了单一的出售知识的人。家长学生与老师间的关系，就是一种顾客和销售员的关系。这种价值取向，又反过来影响着老师们的工作情绪，使得一些教师也自动进入家长和学生划定的这个“售货员”的角色中，成了除讲授知识外，别的就一概不加过问的“甩手掌柜”了。

教师权威地位颠覆带来的后果是很严重的。首先是师生间丧失了一种相互的理解和信任。学生遇见了无法解决的问题，不再愿意去征询老师的意见，不愿意向老师敞开自己的心扉；而老师也只是从表面上依照学校的量化条款来接近学生，心灵深处的空间中，却很少有一块领地能真正属于学生。学生和教师成了真正的被管理者和管理者的关系。其次是同学间发生纠葛时，告诉老师并请老师帮助解决成了一种无能的体现。而且，大多数的孩子还认为老师根本就解决不了问题，要切实解决好纠纷，依靠的只能是自己的力量和自己所归属的小团体的力量。可以说，学生们在推翻了教师的权威地位后，又依照自己的经验，确立起了通过强权来获取尊严并替代老师权威的新的地位观。

这种完全依照少年的懵懂而生发出来的新地位观，眼下正成为越来越多的青少年的价值信仰。在此信仰的操纵下，同学间的纠纷便有了新的“处理条例”，力量、财富和容貌等世俗社会用来评价判断人的地位的标准，成了这新的“处理条例”的基础，也成了裁定问题归属的新权威。这“法外法”撇开了所有发生矛盾时该走的正道，刻意地把原本简单的问题，上升到类似江湖纷争的地步，使得单纯的校园，平添了几分恐怖江湖的阴云。

5. 对强权政治、黑恶势力、暴力游戏与灰色文学的认同与膜拜

相对于书本的说教，游戏和影视文学以其鲜明生动的形象特征，在更宽广的思想空间上影响甚至左右了青少年的道德和价值评判。暴力游戏的快意杀戮，港台影视的黑社会英雄，在青少年心底产生的就是一种根深蒂固的对邪恶的认同和膜拜。

这种建立在非理性基础上的认同和膜拜，内化后又成为了部分“问题少年”处世的准则，使得他们在待人接物等多方面都体现出一种对主流社会的反叛和仇视。因为反叛，他们便只想依照自己的规矩行事；因为仇视，他们便采用极端的手段来对待他人。

校园暴力已经成为校园文化建设健康肌体上的一个毒瘤，更为可怕的是，这个毒瘤还在不断地扩散，其有毒细胞每天都在吞噬着无数健康的心灵，对此，我们必须采取切实可行的行动，要聚集全社会的力量来发动一场围剿校园“江湖”、铲除校园暴力的“战争”。

二、校园暴力的预防

（1）全力实施家长的社区培训制，把家长、学校和社区文化建设联系起来，营造健康科学的育儿观。

家庭因素对孩子世界观的形成和发展是至关重要的。作为孩子的“第一任教师”，父母的言行无疑是最具直观性和感召性的“教材”。要创造未成年人成长的最佳空间，就必须切实做好年轻家长的教育培养，要建立健全年轻家长社区培训制。社区需要合理利用节假日和其余时间邀请社会工作者、教育专家、法制专家到社区传授科学健康的育儿知识，要把家长、学校和社区文化建设紧密结合起来，全力营造出一种宽松而和谐、亲善而识礼的文化氛围。

此外，各社区还需要有目的的组织年轻家长观看一些有助于家庭教育的影片和节目，要把家长培训变成一种自觉自愿行为。针对少数家庭轻视这种培训的现象，要借助社区和警察的力量来加以督促。为了更好地落实这个工作，还可以在长假期间组织开展以家庭为单位的各种社区竞赛活动。

对于极少数已经出现问题的青少年，社区更需要落实好具体的帮教措施。这种帮教，需要由具有相当教育经验的政法人员来执行，若是只依靠居委会或者是教师的力量是很难实现目标的。帮教对象既要针对问题少年，又要针对其父母。要善于在教育中协调好问题少年的家庭关系，让他体味到父母的关爱，更要努力培养他的感恩之心。如此，就可以从家庭的源头上阻断暴力的生成。

（2）倾力打造书香校园，用传统文化的精华滋养青少年的心灵。

学校教育应该是以育人为首要任务的，但长期以来“应试教育”阴魂不散，校园生活中除了解题还是解题，分数成为了判断人的价值和品行的唯一尺码。在这种单一的生存空间内，自然容易产生出各种偏激的思想。这些思想再得不到及时的疏导，就会慢慢演化成更加极端的暴力倾向，催生出一起起校园暴力案件。从学校教育的角度来看，要消除校园暴力，首先就必须要让学生在读书时能更多的接受中华传统文化精

华的滋养。学校要善于打造出自己的书香特色，要能切实针对青少年的喜好和身心发展规律来制定科学合理的学习内容。要在校园内大力倡导读书活动，通过广泛深入的读书活动来引导全体学生，使他们借助作品来了解社会了解人生。要让所有的学生，在读书中既养成理性思辨的能力，又产生对真善美的追求和向往之情。

其次，书香校园的建设，还可以很好地杜绝不良书刊、游戏等对学生的精神毒害。当学生的注意力被大量的优秀书刊锁定之后，一方面他自身的免疫力能不断加强，另一方面由于时间和精力的集中，使其无暇他顾。当然，传统的中华文化博大精深，并不一定开始就能被学生所接受，这也需要一个从开始的被动到后来的主动的过程。这个过程的转变，就需要教师的督促了。

(3) 强化社会治安，落实犯罪必惩原则，形成强有力的法律威慑。

上面说过，校园暴力伤害案的增加，是和惩戒功能的丧失有着密切关系的。青少年从本性上看，始终存在着对法律的畏惧心理。他们所以敢于实施暴力，多数情况下并没有意识到这是一种违法犯罪，而是看成一种个体间的普通纠纷。因此，要防范校园暴力，就必须要强化社会治安，要让每个青少年都知晓哪些行为是属于违法犯罪的，更要让他们知道违法犯罪后必须接受的严厉惩处。强有力的法律威慑，足可以消除相当多的江湖手段的暴力案件。当一个人心中惧怕时，他的行动就会变得谨慎，每做一件事时，都会三思而后行的。在这一点上，现在相当多的政策都是过于强调教育，而忽视了必要的威慑。

(4) 逐步推行人文教育，关注学生的终身发展。

没有哪一个学生，生来就注定要成为问题少年的。形成偏差的主要原因，除了家庭因素外，更是由于学校教育中片面强调学业成绩而带来的冷漠、歧视等因素。要消除校园江湖现象，铲除校园暴力行为，就必须在办学理念上端正“关注学生终身发展”的目标，要把人文教育落到实处。学校从学生的第一个小错误出现开始，就能耐心细致地做好教育工作，帮助孩子从心灵深处了解真善美和假恶丑的差别，也就不会形成“小洞不补，大洞吃苦”的尴尬局面了。当然，要真正做到及时发现并纠正所有孩子的最初的错误，需要全体教师静下心来倾听学生的心声才行。

(5) 开展丰富多彩的集体活动，培养同学间友爱互助的良好氛围。

对他人的残忍，很大程度上也是由于缺乏集体关爱。集体是消解矛盾的最好容器，在集体活动中，通过同学间的友爱互助，可以把很多小的摩擦消除在萌芽状态中。多参加集体活动的孩子，就能够养成一种关注他人的良好品行。具有了这样的品行的人，就能够比同年龄段孩子多很多的包容，这方面的成功案例，可以从很多品学兼优的班级小干部身上看到。

(6) 净化各种传媒，推行影视观赏等级制，减少污染源。

青少年的健康成长更离不开良好的社会环境，所以，净化传媒是推进青少年道德建设的一个刻不容缓的任务。这个任务，需要国家通过建立具体的法律条文来落实。

第五节　校园盗窃

随着人民生活水平的提高和科学技术的发展，学生们随身携带的贵重物品也随之增多。由于校园是个相对安全的地方，学生们在校园里防盗意识不强，对盗窃这样的行为没有思想准备，因此社会上不少盗窃团伙和盗窃分子趁虚而入，同时有些学生也沾染上偷窃的恶习，偷窃同学们的贵重物品和现金，使部分学生蒙受经济损失和身体伤害。这些现象给同学们敲响警钟，即使在校园里也要注意自己物品和财产的安全，防止扒窃。

一、盗窃罪的概念

盗窃罪（刑法第264条），是指以非法占有为目的，秘密窃取数额较大的公私财物或者多次秘密窃取公私财物的行为。盗窃罪侵犯的客体是公私财物的所有权。所有权包括占有、使用、收益、处分等权能。盗窃罪侵犯的对象是公私财物，这种公私财物的特征是：①能够被人们所控制和占有；②具有一定的经济价值，这种经济价值是客观的，可以用货币来衡量的，如有价证券等；③能够被移动；④他人的财物；⑤盗窃自己家里或近亲属的财物。据有关统计，盗窃罪属于常见高发罪，是目前国内刑事犯罪案件数量最多的一种罪，约占80%。全国1985年以来的重大、特大刑事案件中，盗窃案约占50%。

二、学校盗窃案件的特点

1. 作案时间性

学校与其他企事业单位不同，学校有其独特的学习、活动和生活规律，这些规律直接影响和制约着行为人某种行为的具体实施，一般来说，作案分子主要选择以下时间进行作案：①师生员工上班、上课、晚自习等时间。这些时间多数师生员工都不在宿舍，正是作案分子入室作案的时机。②校内举行各种大型活动的时间。全校举行大型活动时，如学校开学典礼、运动会、文艺演出等，在这期间里，作案分子往往利用假装找人为幌子进行作案。③新生入学期间。因为新生刚来学校，对周围环境和人员都比较陌生，相互之间都不认识、不熟悉，这时防范意识最为薄弱，作案分子就利用这个机会施展手段，疯狂作案。④期末复习考试期间。这一段时间学生都忙复习考试，防范意识不强，作案分子就会乘虚而入，撬门破窗入室行窃。

2. 作案地点性

学校有其独特的地域性，一般来说，家属宿舍区，学生宿舍区都在一个狭小的区域内，发生的盗窃案件，作案人主要是对学校环境熟悉，地点明确。

3. 特定的人员性

学校盗窃案件中，一般来说，在家属宿舍区发生的盗窃案件，作案人主要是周边无业人员、来校务工人员和校外学生。从查破的盗窃案件中表明，家属宿舍区发生的盗窃案件有85%以上是这些人所为。学生宿舍区发生的盗窃案件，作案人主要是学生内部人所为，因为他们熟悉宿舍环境，对哪扇门不牢，哪个窗没有插销，平时钥匙放在什么地方都一清二楚。所以，作案学生在宿舍盗窃很容易得手。

4. 内外结伙盗窃性

内外结伙盗窃，是指校内居住人员与校外人员结伙在校园盗窃。作案主体主要是某些家属子弟与社会上无业人员。这类人员，从小就养成不良习惯，不求上进，滋生了不劳而获、贪图享受的思想。为了满足欲望，他们往往利用熟悉校园环境和住户情况的便利条件进行盗窃。

5. 作案变化多样性

作案分子在校园作案通常采用如下方法：一是选择作案目标。随着人们生活水平的提高，人们对需求发生了变化，作案分子的需求也是如此。现在，作案分子不是碰到什么就偷什么，而是对财物有一定的选择性。过去学生宿舍发生被盗的多数是些饭票、衣服、小计算器、文具之类的物品，而现在不同了，作案分子瞄准的是高档次的财物，如现金、微型收录机、高级照相机、手机和MP3机等。二是案前先侦察然后伺机作案。作案分子为了准确地选择盗窃目标，在作案前常以某些身份做掩护，对作案目标进行暗中观察。他们通常采用以下方法进行：①散步法：边散步边观察，暗中注视学校巡查人员行踪及行人情况，选准目标后，快速行窃。②放风法：此类案件一般2个人以上合伙作案，有的人在放风，有的人在实施。③兜风法：作案分子通常2个人同骑一辆车，在目标周围来回骑车观察，选定目标一般是自行车或摩托车，作案得手后，各骑一辆车离去。④顺手牵羊法：此类案件在学生宿舍中发生居多，作案分子多数是学生内部人，他们对学生宿舍情况熟悉，十分了解学生的日常生活习惯，对学生去卫生间、洗衣服、冲凉时，把钱包、手机等贵重物品放在什么地方都了解得非常清楚，作案分子就利用某一瞬间的机会进入宿舍快速行窃。另外，还有的作案分子利用上门到办公室或学生宿舍推销商品，乘无人注意之际，顺手将办公台面上的手表、手提包或手机之类的财物拿走。

6. 假期期间多发性

在放假期间，大部分学生已经离校，但仍有部分学生因种种原因留在学校，其中大部分学生利用假期时间在社会上找份临时工作，既在经济上弥补了上学费用的不足，又增加了社会经验。但是，同学、同乡多借此机会在学校聚会，其中不法分子趁学生宿舍无人且学生物品又在宿舍内进行盗窃。

三、防盗措施

1. 宿舍防盗

（1）严格执行宿舍楼管理制度，加强值班。值班人员要加强责任心，对外来人员要做登记，防止不法分子混入宿舍。

（2）妥善保管贵重物品。将贵重物品锁入小柜或随身携带，室内无人时要锁门、关窗。

（3）现金存入学校银行，存折加密。密码、存折、身份证等分开存放，不要将密码告知他人。

（4）严格落实《学生公寓管理规定》等相关规定，不随意留宿他人，对外来人员要提高警惕、加强防范。

（5）同学之间搞好团结，互相关心、互相帮助。发现异常情况，及时向有关部门报告。

2. 教室防盗

（1）不要随意将随身听、复读机、MP3 播放器等贵重物品及现金放在教室，课间休息随身携带，以防被盗。

（2）下课后要将书包背回宿舍，不要图方便放于教室内，以防物品丢失。

3. 自行车防盗

（1）购买新车一定要有发票，办理落户手续以防丢失。一旦丢失也便于查找、认领。

（2）自行车放在指定地点，并要及时上锁。露天存放自行车，可将两车锁在一起，使窃贼难以搬走，减少丢失。

（3）高档摩托车、自行车存入学校专人看管的车棚内。假期离校将车搬回宿舍，或交朋友看管。

（4）购买正规厂家生产的车锁，防止被人捅撬盗车。

另外，公安以及保卫部门应加大管理力度，加大对校园盗窃的打击力度，学校也应加大宣传力度，督促师生提高防范意识。

要有效保障校园财产安全，一是提高安全防范意识。无论是教师、学生，都应提高安全防范意识，切不可麻痹大意，贵重物品勿放在办公室、教室内。因学校是相对开放的环境，所以每天离开学校前应检查是否锁好门窗。二是加强安全防盗设备的管理。定期检查防盗门窗有无损坏并及时修缮更新，对于教师办公室、机房等重点部门、重点部位可安装监控摄像头，有利于侦查机关及时破案。三是加强值班管理制度。加强值班人员力量，严格出入登记，发现可疑分子及时向公安机关报案。四是加强二手市场的管理。工商等有关职能部门需加强二手交易市场的管理，对于源头不明、材料不全的二手交易货物应提高警惕，问清来源或要求出示发票之类凭证，真正切断犯罪分子的销赃渠道。

第六节　职业技能训练安全

在职业技能训练过程中，由于各方面因素的影响，同学们经常遭受到身体的伤害甚至危及生命。因此，找出技能训练中事故产生的原因，防止各类事故的发生，具有重大的意义。

一、技能训练中事故产生的主要原因

1. 安全意识淡薄

某职业学校机修班某同学在钳工实习训练锉削工件时，大量的切屑由于静电作用，吸附在工件表面。当他用手涂抹时，锋利的切屑将手划破多处，几秒钟后，整个手掌鲜血淋漓。工件在制作过程中，必然会有大量的切屑产生，崩碎性切屑易伤人的眼睛，戴防护眼镜可以避免。对于细碎的切屑，训练者常因思想麻痹，安全意识不强，导致意外事故的发生。可以说，安全意识淡薄是事故产生的根本原因。

2. 违反操作规程

某职业学校机修班某学生在备料的过程中，用三爪卡盘装夹工件切断时，由于未用长套筒加固夹紧，帮料在高速旋转的离心力的作用下，从轴孔甩出，伤及操作者的面部，造成肿胀，两星期未能到岗实习。此事故就是一个典型的违反操作规程的事例。生产实习安全技术规范中已明文规定“工件和车刀必须装夹牢固，以防止飞出发生事故，卡盘必须装有保险装置”。而训练者未用长套筒加固夹紧，事故发生则在情理之中。这告诫同学们，在生产实习中，必须按照指导老师规定的生产安全要求以及项目生产安全技术规范进行操作。

3. 缺乏生产经验

某职业学校安装班的某学生用铁块模拟道具，在砂轮侧面刃磨时，因砂轮高速旋转，铁块突然遭受很大的摩擦力被吸进。卡在砂轮与壳体之间，砂轮崩裂飞出，将砂轮房的墙壁砸个坑。该同学的食指和中指被划伤，衣服亦被飞溅的砂轮碎片损坏。好在当时砂轮房人少，否则，后果不堪设想。这次事故的症结就在用铁块模拟刀具时的力度掌握不够，同时没有充分意识到高速旋转的砂轮会有很强的向心力。因此，中职学生必须认真学习，领会指导老师的教导，吸取他人的经验教训，防止类似失误的再发生。

4. 疲劳作业

某职业学校机修班的某学生顶岗实习，操作冲压机床制作垫片，就在快下班时因操作失误，将食指冲掉了一节。经查明，事故产生的直接原因是操作失误，但根本原因是实习学生长时间、机械性地从事某项工作，身心疲惫，注意力分散。此事故告诫我们，在上岗学习之前，必须保持充沛的精力，禁止超负荷、疲劳作业。

5. 缺少自我保护意识

某职校机修班学生在锉削工件时，边锉边用嘴去吹切屑，违反了用专用铁刷清除切屑的规定，且又未带防护眼镜，致使切屑飞溅到眼睛里。该生因眼睛有异物，就用手去揉，锋利的切屑随之深深地扎进角膜。后虽经医院治疗，但该学生视力已大为降低。该事故发生的一个重要原因是该学生的自我保护意识不强。切屑溅入眼睛后已经受伤，该生又用手揉抚，致使眼睛遭到二次伤害。这次事故提醒我们，要加强自我保护意识和临危应变的能力，掌握各类偶发事故如触电、火灾等发生后的自救、互救以及逃生知识。

二、如何防止技能训练中事故的发生

（1）重视安全教育，树立防患意识。学生在组织技能训练时，不仅要加强安全生产的教育，而且要将安全教育纳入实习教学的常规管理中，时时不忘，确保安全。要加强对技能训练活动的组织安排，对岗位要求，生产规范要严格执行。

（2）强化专业理论的学习，提高训练的规范性。技能训练的过程是知识向能力转移的过程。但学生经常会出现理论知识掌握得不完全或技能训练操作的不规范等情况。不仅制约着学生技能的学成，而且增加了技能训练中的不安全因素。因此，在技能训练中，应注重专业理论知识的学习。只有这样，才能提高技能训练的规范性，减少不安全因素的产生。

（3）调整身心，适应岗位。在参加技术学习与训练之前，不能过度劳累，要以饱满的精神投入到训练中去。当然，这同时为技能训练的安排与指导人员提出了要求。在安排训练项目内容时，要考虑到技能训练的劳动强度和劳动时间，因为超负荷的训练会造成技能训练者身体的疲劳，不但影响了训练动作的协调性，也增加了事故发生的可能性。

（4）增强自我保护意识，提高对突发事件的应变能力。在技能训练中，要提高自我保护意识，临危不乱，处变不惊。可以通过模拟事故发生或观看安全教育录像等活动，增强自己的心理适应能力，学习并掌握防范、自救、互救、逃生等方面的知识及应变能力，以减少或避免各类伤亡事故的发生。

技能训练中的安全防范是一个沉甸甸的话题，每个技能训练教学的组织者和参与者必须在思想上高度重视，在行动上谨慎对待，以确保技能训练安全、文明、规范地开展。

三、技能训练各车间安全操作

1. 电工车间安全操作规程

为了更有效地进行电工实习，保证人身和设备的安全以及维持良好的教学秩序，学生必须严格遵守车间以下安全操作规程：

（1）每次开始线路安装前，必须仔细检查所用电器元件以及导线的绝缘情况，绝缘损坏的应及时更换，或者有效的恢复绝缘。

（2）学生接好线路后，通电试车，通电时，必须一人监护，一人操作，其程序为：自检、发现问题并整改、申请试车、举手并经教师同意、开启三相总电源、由教师接通电源并现场监护、试运行。

（3）严禁带电接线或拆线，严禁接触带电线路的裸露部分和电动机的转动部分，进车间必须穿工作服，不得穿大衣、裙子或拖鞋，有辫子的女生必须带好工作帽。

（4）接线要牢固，操作开关应迅速果断，保证开关接触良好，以免产生电弧烧伤或出现断相故障。

（5）要正确使用测量仪表，测量通路或电阻时，不得带电测量。

（6）线路安装过程中，若发现不安全迹象，任何人都应指出，劝其改正，情节严重者，教师有权停止其实习，责任事故造成的损失，当事人应负赔偿责任。

（7）若发现不正常现象或事故时，应立即切断电源，保护现场并报告老师，待查清问题和妥善处理后，才能继续操作。

（8）车间内严禁吸烟、打闹、大声喧嚣。严禁携带零食或与实习无关的物品进入车间。各种仪表、设备、操作台等上面禁止蹬、踩、踢、坐、站等。

（9）操作完毕后，应将所用仪表、工具放回原处，各种导线分类放好，并清扫场地。

2. 数控车间安全生产实习管理制度

（1）纪律。

1）进入车间必须严格“两穿一戴”：穿好工作服（或穿带紧袖紧边的衣服）、工作鞋（如球鞋等，不准穿高跟鞋、拖鞋）及戴好工作帽（女生将头发扎好塞入工作帽），严禁披衣敞怀、敞袖、披头散发进入车间。

2）必须服从管理，实习时必须严格按分组次序到车间实习，严禁随意进出车间或私自换组。

3）严禁嬉闹及乱串工位。

4）严禁携带零食及与实习无关的物品进入车间。

5）严禁随意进入教师办公室、工具室。

（2）安全操作规程。

1）严禁多人同时操作机床。

2）输入程序时应将“急停按钮”按下，校验时松开。

3）程序校验时一定要将机床锁住。

4）自动加工时一定要高度集中注意力，开始启动时一定将“进给修调”按钮置于30以下，待运行正常后方可提升速度。

5）操作机床时应集中精力，不得做其他事情，不得离开机床，并应一手置于“急停”按钮上，保证安全。

6）对刀时应将“进给倍率修调”调至30以下。

（3）设备使用要求。

1）严禁作实习课题以外的事，随意删改文件，建立无用的文件及文件夹。

2）严禁随意使用微机上与实习无关的软件。

3）未经老师允许不得擅自开启其他机器（电脑或机床）。

4）必须按微机操作要求操作电脑。

5）爱护机床、工量具等一切实习设备和工具。

（4）卫生要求。

每班下课之前需清洗机床及地面，保证机床及地面干净，摆放桌椅，将机位擦干净。

四、数控车间电脑使用规定

为保证数控车间电脑系统稳定、机器正常运行、顺利完成教学任务、更好地服务同学，每个参加数控实习的学生在数控车间上机时应遵守以下规定：

（1）按照授课教师规定的机位上机，上机结束时认真填写上机记录，否则，视为旷课。

（2）上机期间按实习对待，不允许相互追逐、嬉戏打闹。

（3）听从老师安排，依照授课内容练习，不允许进入授课内容以外的软件区域，更不允许进入游戏界面。

（4）不允许更改系统配置、删改系统文件，破坏系统完好性，不允许删改他人使用的文件及数据。

（5）发现机器异常时要及时报告老师，不得擅自重新启动计算机或采取其他处理方式。

（6）不允许挪动机箱、显示器等设备的位置。

（7）上机结束时要打扫车间卫生。

五、钳工实习车间管理制度

（1）实习时要严格遵守安全操作规程和各项安全规章制度。

（2）进入实习车间，应听从老师指导，实习时要互相关心、互相照顾，发现违反技术操作规程应及时报告老师。

（3）实习前必须按规定穿戴好防护用品，严禁戴手套操作旋转机床或用棉纱接触机械旋转部分，不准穿拖鞋、赤脚、赤膊、不得敞衣进入实习车间。

（4）实习时要集中精神，未经实习老师批准，不得擅离实习岗位，不准在实习车间内打闹、玩耍及睡觉或做与实习无关的事，不得抛掷工具及零件，实习结束后应把台钳及场地打扫干净，如违反则作停止实习处理。

（5）錾削金属不得向着别人，并戴平光眼镜防护。各种铁锤不得当作垫铁使用，抡锤时要注意周围情况，不能戴手套。

（6）未经老师批准，不得使用砂轮机，在使用砂轮机时，不得用力过猛，不应两人同时使用一个砂轮，禁止站在砂轮正前方磨削，禁止在砂轮上磨太薄，太小或笨重的工件。

（7）不得在实习车间制作私人东西。

第七节　体育活动安全

【案例链接】在2006年全年上海市共发生的2519起中小学生各类安全事故中，轻微伤和轻伤占94.8%。其中，学生受伤事故最多的是骨折，占总数的52.6%。近几年“非事故性”骨折呈上升趋势，即学生在本不该摔跤的地方摔跤；摔跤达不到骨折程度时骨折。骨折多发，折射的是学生体质的下降。

体育活动是中职学生丰富课余文化生活、娱乐身心的主要内容。但是，在体育活动中的损伤，是中职学生碰到的又一实际问题，学生在运动中受伤，不仅损害了学生健康，挫伤体育活动的积极性，而且影响学生正常的生活和学习。

一、参加体育运动和比赛的安全注意事项

中职学生参加体育运动和比赛的目的是增强体质，以便有充沛的体力和精力投入到工作中去。在运动和比赛时，注意安全是极为重要的。那么需要注意哪些安全事项呢?

1. 做好身体检查工作

凡参加体育运动和比赛者，赛前要检查身体，不合格者不得参加剧烈运动和比赛。身体机能状态不良，如过度疲劳、患病、病后初愈等，都会引起体力下降，动作的力量、灵活性和协调性也会下降，运动时极易发生运动创伤或加重疾患，因此有这种情况的人不宜参加剧烈的运动和比赛。

2. 做好充分的准备活动

运动或比赛前要充分做好准备活动，以便将大脑皮层的兴奋点调节到最适宜的状态，使机体各部的机能活动加强，以承受即将开始的正式运动和比赛。

3. 加强保护和自我保护

在运动或比赛中，缺乏保护或保护不当均可发生运动创伤，这在体操运动中尤为重要。运动员要学会各种自我保护的动作，例如跳伞运动员落地、排球运动员救球时的翻滚动作，自行车、摩托车运动员翻车倒地时的翻滚动作均有其独特性，运动员必须熟练掌握。另外，要注意设置必要的保护装置，例如摩托车运动员比赛时必须带防护头盔及穿皮靴，以防意外事故的发生。

二、如何预防体育运动受伤

1. 认真做好准备活动

对训练中负担较大和易受伤的部位要特别做好准备活动。准备活动结束到训练开始不要超过四分钟。间歇时间过长或改练其他部位时，应补做专项准备活动。

2. 做好放松和整理活动

训练后必须作一些伸展放松练习，以加速运动部位的恢复。例如，做完硬拉和深蹲后，可悬吊在单杠上，然后做提膝下放或直腿左右摆动等动作，以恢复原来的机能状态。

3. 大重量训练要适可而止

用大重量训练时，如果没有把握，最好请人保护。不要经常借力训练。做动作时速度不要太快或突然启动。间隔时间较长再练时，要减轻重量、降低强度。

4. 加强医务监督和训练场地安全检查

常练健美者最好定期进行体格检查，参加比赛时要进行补充检查，以便及早发现隐患，采取措施。

5. 注意身体的警号

疲乏、焦虑、长期有时断时续的肌肉酸胀疼痛等是身体发出的警号，若置之不理，则小伤会酿成大伤。软组织损伤一般恢复较慢，若处理不当，轻则造成慢性损伤，重则留下不同程度的功能障碍。

6. 认真总结预防伤害的经验

要认清伤害事故发生的原因，找出其发生的规律，从而更好地进行预防。

三、常见体育运动损伤的应急处理

中职学生热爱运动，积极参与各项体育活动，但常常因缺乏一定的运动训练卫生知识和出现运动损伤后的应急措施，而使伤者产生不必要的痛苦，严重者甚至导致终身遗憾。

1. 擦伤

表现为皮肤有擦痕、表面有破损、伤面有小出血点。如果擦伤面积小，用1～2%红汞涂抹即可，面部及关节部位则涂0.1%新洁尔灭液。关节部位宜包扎。如果擦伤面积大或伤口较脏，要上医院处理。如伤口已感染应每日或隔日换药一次。

2. 肌肉拉伤

（1）肌肉拉伤的定义。肌肉拉伤是肌肉在运动中急剧收缩或过度牵拉引起的损伤。这在长跑、引体向上和仰卧起坐练习时容易发生。肌肉拉伤后，拉伤部位剧痛，用手可摸到肌肉紧张形成的索条状硬块，触疼明显，局部肿胀或皮下出血，活动明显受到限制。

（2）肌肉拉伤的原因和原理。在体育运动中，由于准备活动不当，某部位肌肉的生理机能尚未达到适应运动所需的状态；训练水平不够，肌肉的弹性和力量较差；疲劳或过度负荷，使肌肉的机能下降，力量减弱，协调性降低；错误的技术动作或运动时注意力不集中，动作过猛或粗暴；气温过低湿度太大，场地或器械的质量不良等都可以引起肌肉拉伤。

在完成各种动作时，肌肉主动猛烈地收缩超过了肌肉本身的负担能力；或突然被动的过度拉长，超过了它的伸展性，都可发生拉伤。如举重运动弯腰抓提杠铃时，竖脊肌由于强烈收缩而拉伤；在做前压腿、纵劈叉等练习时，突然用力过猛，可使大腿后群肌肉过度被动拉长而发生损伤；横劈叉练习可使大腿内侧肌肉过度被动拉长而发生拉伤。在体育运动中，大腿后群肌肉的拉伤最为常见，大腿内收肌、腰背肌、腹直肌、小腿三头肌、上臂肌等都是肌肉拉伤的易发部位。

（3）肌肉拉伤的征象。局部疼痛、压痛；肿胀、肌肉紧张、发硬、痉挛；功能障碍。当受伤肌肉主动收缩或被动拉长时疼痛加重；肌肉收缩抗阻力试验阳性，即疼痛加剧或有断裂的凹陷出现。有些伤员受伤时有撕裂感，肿胀明显及皮下淤血严重，触摸局部有凹陷或见一端异常隆起者，可能为肌肉断裂。

（4）肌肉拉伤的处理。肌肉拉伤后，要立即进行冷处理——用冷水冲局部或用毛巾包裹冰冷敷，然后用绷带适当用力包裹损伤部位，防止肿胀。在放松损伤部位肌肉并抬高伤肢的同时，可服用一些止疼、止血类药物。24 小时至 48 小时后拆除包扎。根据伤情，可外贴活血和消肿胀膏药，可适当热敷或用较轻的手法对损伤局部进行按摩。肌肉拉伤严重者，如肌腹或肌腱拉断，应抓紧时间去医院做手术缝合。

（5）肌肉拉伤的伤后训练。部分断裂者，局部停训 2 ~ 3 天，健肢及其他部位可以继续活动，以后逐步进行功能锻炼，但应避免重复受伤的动作。1 周后可逐渐增加肌肉的力量和柔韧性练习。在作伸展练习时以不增加伤部疼痛为度。大约 10 ~ 15 天后，症状基本消除，可逐渐进行正规训练。训练时伤部必须使用保护支持带，并充分做好准备活动。

肌肉、肌腱完全断裂或撕脱骨折者，应立即停止训练，完全休息，积极治疗，伤后训练和专项训练都应在医生指导下进行。

3. 挫伤

（1）挫伤的定义。挫伤又称撞伤，是钝性外力直接作用于人体某部而引起的一种急性闭合性损伤，如运动中相互冲撞、被踢打或身体碰撞在器械上，都会发生局部和深层组织的挫伤。最常见的挫伤部位是大腿与小腿的前部，头和胸、腹部的挫伤较少见。

（2）挫伤的征象。挫伤一般分为以下两种：

1）单纯性挫伤：是皮肤和皮下组织（包括皮下脂肪、肌肉、关节囊和韧带）的挫伤，伤后局部有疼痛、肿胀、组织内出血、压痛和运动功能障碍。疼痛多为前轻后重，一般持续约 24 小时；疼痛程度因人而异，与挫伤的部位及伤情轻重有关；挫伤后的出血程度及深浅部位与伤情轻重有关；挫伤后的出血程度及深浅部位不同，如皮肤出血（瘀点），皮内和皮下出血（瘀斑）或皮下组织的局限性血肿等。

少数患者挫伤部位继发感染化脓，肌肉挫伤（如股四头肌）有时会出现骨化性肌炎。较重的挫伤，若妨碍肢体的血液循环，会引起局部肌肉的缺血性挛缩，其早期症状是肢体末端出现青紫、肿胀、麻木、发凉、运动障碍，3 周后症状消失，但手或足会逐渐挛缩于屈曲位。

2）混合性挫伤：在皮肤和皮下组织受到挫伤的同时，还合并其他组织器官的损伤，如头部挫伤合并脑震荡或脑溢血，胸部挫伤合并肋骨骨折，腹部挫伤合并肝、脾破裂等，患者出现局部征象外，常可发生休克。

（3）挫伤的处理。单纯性挫伤的处理，一般分为 3 期，若病情较轻，可把 2、3 两期合并兼治。

1）限制活动期：伤后 24～48 小时内，局部冷敷、加压包扎、抬高伤肢并休息。较轻的挫伤可外敷安福消肿膏或一号新伤药；疼痛较重者，可内服镇静、止痛剂。股四头肌和腓肠肌挫伤时，应注意严密观察，若出血较多，肿胀不断发展或肿胀严重而影响血液循环时，应将伤员送医院进行手术治疗，取出血块，结扎出血的血管。

2）恢复活动期：受伤 24～48 小时后，肿胀已基本消退，可拆除包扎进行温热疗法，包括各种理疗和按摩。在伤情允许的情况下，应尽早进行伤肢的功能锻炼，逐渐增加关节的活动幅度。股四头肌挫伤时，当病情已稳定，患者可以控制股四头肌收缩时，才可开始做膝关节的屈伸活动，先做伸膝练习，屈膝练习宜晚些，不可操之过急。当膝关节能屈至 90°走路不用拐杖时，可视为此期治疗结束的标志。

3）功能恢复期：逐渐增加抗阻力练习和参加一些非碰撞性练习，如打乒乓球、羽毛球等，并配合进行按摩和理疗等，直至关节活动功能恢复正常。

混合性挫伤并出现休克的伤员，经急救处理后，应尽快把伤员送到医院。

4. 扭伤

由于关节部位突然过猛扭转，拧扭附在关节外面的关节囊、韧带及肌腱，就是扭伤，俗话称为“筋伤”。扭伤多见于青少年的运动损伤，体力劳动者的工作伤，最常见于踝关节、手腕部及下腰部。发生在下腰部的扭伤，就是平常说的“闪腰岔气”。扭伤的常见症状有疼痛、肿胀、关节活动不利等，痛是必然出现的症状，肿及皮肤青紫、关节不能转动，都是扭伤的常见表现。

（1）扭伤的治疗措施。

1）在运动中扭伤手指，最常见于打篮球的争球时，末节手指触球的瞬间，有触电样的疼痛而突然停止活动，伤后应立即停止运动。首先是冷敷，最好用冰块。但没有条件时，可用冰水代替。将手指泡在冰水中冷敷 15 分钟左右，然后用冷湿布包敷。再用胶布把手指固定在伸直位置。检查手指的活动度，如果手指的伸直弯曲都不灵活或者末节手指呈下垂样，可能是发生了撕脱性骨折，一定要去医院诊治。

2）如踝关节扭伤，急救时可以用毛巾包裹冰块外敷局部，48 小时后可以用热毛巾外敷（皮肤破损不严重）。首先要休息，用枕头把小腿垫高，促进静脉回流，瘀血消散，另外可用茶水、黄酒、蛋清等调敷云南白药、七厘散等，2～3 次/日敷伤处，外加包扎，促进瘀血消散，有较好的效果。

3）腰部扭伤见于突然的转身或二人抬物时的用力不均，其治疗要点也是要静养。应在局部作冷敷，尽量采取舒服体位，或者侧卧，或者仰平卧屈曲，膝下垫上毛毯之类的物品。止痛后，最好让患者卧门板或担架上送医院或找医生来家治疗。

以上扭伤在家都可以口服药物活血止痛，如云南白药胶囊2片，一日三次；或三七片2片，一日三次，并加服止痛药如散利痛1片，一日二次。

（2）扭伤的注意事项。

1）腰肌扭伤，最重要的是平静，慌慌张张地跑医院是使病症加重的原因。如果处理不当，会反复发作，可能发展成椎间盘突出。

2）为防止再度发生踝关节扭伤，要在鞋底外侧后半段垫高0.5厘米（即在外侧钉一片胶皮或塑料），以保护韧带或佩带护膝2～3周。

3）腰扭伤者最好睡硬板床，扎宽腰带，并锻炼腰背肌。

4）切忌在扭伤的前期，仍然不休息，并有较多活动，造成软组织没有修复的时间，新鲜扭伤变成陈伤，局部持续疼痛、瘀肿不退。

5. 脱臼

脱臼即关节脱位。一旦发生脱臼，应嘱病人保持安静、不要活动，更不可揉搓脱臼部位。如脱臼部位在肩部，可把患者肘部弯成直角，再用三角巾把前臂和肘部托起，挂在颈上，再用一条宽带缠过脑部，在对侧脑作结。如脱臼部位在髋部，则应立即让病人躺在软卧上送往医院。

6. 骨折

常见骨折分为两种，一种是皮肤不破，没有伤口，断骨不与外界相通，称为闭合性骨折；另一种是骨头的尖端穿过皮肤，有伤口与外界相通，称为开放性骨折。对开放性骨折，不能用手回纳，以免引起骨髓炎，应用消毒纱布对伤口作初步包扎、止血后，再用平木板固定，然后送医院处理。骨折后肢体不稳定，容易移动，会加重损伤和剧烈疼痛，可找木板、塑料板等将肢体骨折部位的上下两个关节固定起来。如一时找不到固定的材料，骨折在上肢者，可屈曲肘关节固定于躯干上；骨折在下肢者，可伸直腿足，固定于对侧的肢体上。怀疑脊柱有骨折者，需卧在门板或担架上，躯干四周用衣服、被单等垫好，不使其移动，不能抬伤者头部，这样会引起伤者脊柱损伤或发生截瘫。昏迷者应俯卧，头转向一侧，以免呕吐时将呕吐物吸入肺内。怀疑颈椎骨折时，需在头颈两侧置枕头或扶持患者头颈部，使其在运输途中不发生晃动。

四、学校的体育活动事故类型与责任承担

学校体育活动事故按发生的原因可以分为两类：

一类是意外事故。这类事故发生的原因不是由于学校或老师的故意或过失，也不是由于不可抗力。在这类事故中，由于学校和老师对意外事故的发生并无过错，所以不需要承担法律责任。比如，学生患有某种病症或属特殊体质，家长和学生没有告诉学校和老师，学校和教师在不知情的情况下，实施体育活动，造成学生伤害的；学校

及教师对安全教育作了大量的工作，不准私自游泳，仍有学生课外时间偷偷游泳而发生死亡的，这类情况学校没有责任。

另一类是过错事故。这类事故通常是指由于学校或教师的违法、违规行为导致学生人身受侵害的事件。与意外事故不同的是违法、违规行为是这类事故的必要条件。在这种情况下，学校和老师要承担法律责任。如体操、单双杠教学中未实施保护措施；跳高、跳远时落地区域不安全；铅球、标枪投掷时，学生被安排站立的位置不适当等，而造成的学生人身伤害，学校和老师应承担法律责任。

第八节 学校集会安全

【案例链接】2003年9月23日晚6时50分，内蒙古自治区丰镇市第二中学晚自习结束后，1500多名学生从教学楼东西两个楼道口，在没有任何照明的条件下，蜂拥下楼。在西楼道接近一楼的最后四五个台阶处，楼梯护栏突然坍塌，前面的学生纷纷扑倒在地，后面的学生看不清，仍然纷纷往前拥挤，酿成21名学生死亡、47名学生受伤的惨剧。

2008年4月23日12点左右，重庆市涪陵区百胜镇中心小学发生一起拥挤踩踏事故，全校约800名小学生带着凳子在操场上集会，举行演讲比赛和一个募捐活动。12：00左右，集会结束，学生们离开操场，将凳子放回教室。几分钟后，教学楼第一楼的楼梯间内，数名学生因为拥挤倒在人群中。被挤倒下的学生有近10人，经过镇医院检查，有6人受伤，被送到医院治疗。

学校经常举行运动会、开学典礼之类的大型聚会，这类活动通常在礼堂、操场等可容纳多人的地方举行，参加的人多、规模大，很容易发生由于火灾、房屋倒塌及相互拥挤踩踏等现象，从而引起烧伤、跌伤或挤压甚至群死群伤的特大事故。

（1）学生在参加学校活动时，一定要有安全意识，掌握以下安全常识和救助的方法。

1）每个学生都应该有安全防范意识，在集会活动中，要服从指挥，不要拥挤，按顺序进出场。

2）一旦发生骚动，要远离混乱中心，千万不要被好奇心驱使，去看热闹。

3）突发火灾时，一定要保持冷静，不要乱跑，要服从指挥，有秩序地从现场迅速撤离。

4）如果发现自己在混乱的人群中，应该设法靠近并抓住墙壁或其他固定物；若被拥挤得站立不住，应当蹲在墙壁或固定物旁，用双手在颈后抱紧，双腿向胸部弯曲，使身体成球状，保护身体最容易受伤的部位。

（2）学校应注意以下几方面工作：

1）必须明确指定专人负责学生集会的安全工作。有关人员应当各司其责，各尽其责，避免互相推诿。

2）在学生集会时，对学生集会的路线、设施和环境等与学生人身安全有关的事项，要全面考虑，采取必要措施，防止人身伤亡事故发生。

3）在学生集会时，应当使学生进出教学楼的时间错开，并由专人监管，防止造成拥挤。

4）在参加校外集会时，一定要有专人跟随学生，负责学生的安全工作。如果学生年龄较小，一般应当负责带回学校，不应在外面把学生放走。

5）学校的各楼门和通道一定要保持畅通无阻，保证必要的照明度，不要随意封闭楼门和通道。

习　题

一、单项选择题

1. 人们通常把天然气、石油液化气、煤气等可燃性气体都叫做煤气。煤气给人们生活带来了许多方便，但如果使用不当，它也会造成灾难。下列使用方法中不正确的是（　　）。

A. 使用人工点火的燃气灶具，在点火时，要坚持“火等气”的原则，即先将火源凑近灶具然后再开启气阀

B. 经常保持燃气器具的完好，发现漏气，及时检修；使用过程中遇到漏气的情况，应该立即关闭总阀门，切断气源

C. 燃气使用十分方便，即使燃气器具处于工作状态，只要其运行稳定，门窗关闭完好，人也可以长时间离开

D. 使用燃气器具（如煤气炉、燃气热水器等），应充分保证室内的通风，保持足够的氧气，防止煤气中毒

2. 生活中发生烫伤，可以采取以应急措施，下列措施中不正确的是（　　）。

A. 对只有轻微红肿的轻度烫伤，可以用冷水反复冲洗，再涂些清凉油就行了

B. 烫伤部位已经起小水泡的，可以直接用小刀或细针将其弄破，然后再涂抹一些药膏，以加快药物吸收

C. 烫伤比较严重的，应当及时送医院进行诊治

D. 烫伤面积较大的，应尽快脱去衣裤、鞋袜，但不能强行撕脱，必要时应将衣物剪开；烫伤后，要特别注意烫伤部位的清洁，不能随意涂擦外用药品或代用品，防止受到感染，以免给医院的治疗增加困难

3. 烟花爆竹在许多城市已明令禁止燃放，但在有些地方仍允许燃放，甚至部分城市又开始有限解禁。在明令禁止的地方，大家要认真遵守当地的有关法规；在允许的地方，燃放烟花爆竹时该注意安全，下列做法中不正确的是（　　）。

A. 儿童燃放爆竹时应该由大人带领

B. 为了防止发生火灾，严禁在阳台、室内、仓库、场院等地方燃放鞭炮。也不允许在商店、影剧院等公共场所燃放

C. 燃放时，应将鞭炮放在地面上，或者挂在长杆上，不要拿在手里，这样做很危险，容易发生伤害

D. 点燃鞭炮后，若没有炸响，应马上上前查看，及时排除隐患

4. 横穿马路，可能遇到的危险因素会大大增加，应特别注意安全。下列做法中不

安全的行为是（　　）。

A. 穿越马路，要听从交通民警的指挥；要遵守交通规则，做到“绿灯行，红灯停”

B. 穿越马路，要走人行横道线；在有过街天桥和过街地道的路段，应自觉走过街天桥和地下通道

C. 穿越马路时，要走直线，不可迂回穿行；在没有人行横道的路段，应先看左边，再看右边，在确认没有机动车通过时才可以穿越马路

D. 没有人行横道的路段，在确认前后左右都没有车后，可以翻越道路中央的安全护栏和隔离墩

5. 当在居住的楼房中遭遇火灾时，应采取正确有效的方法自救逃生，减少人身伤亡损失。下列做法中不正确的是（　　）。

A. 打开门窗，以利于观察火情的发展

B. 不要盲目乱跑、更不要跳楼逃生，这样会造成不应有的伤亡。可以躲到居室里或者阳台上。紧闭门窗，隔断火路，等待救援。有条件的，可以不断向门窗上浇水降温，以延缓火势蔓延

C. 在失火的楼房内，逃生不可使用电梯，应通过防火通道走楼梯脱险。因为失火后电梯竖井往往成为烟火的通道。并且电梯随时可能发生故障

D. 逃生时，尽量采取保护措施，如用湿毛巾捂住口鼻、用湿衣物包裹身体

6. 运动创伤中重度擦伤，不妥当处理是下列（　　）方法？

A. 冷敷法　　B. 抬高四肢法　　C. 热敷法　　D. 绷带加压包扎法

7. 着火时，当楼梯已被烧断，通道已被堵死，下列方法不妥当的是（　　）。

A. 立即从楼上往下跳

B. 比较低的楼层，可以利用结实绳索（也可以将床单，窗帘布等物撕成条拧结成绳）拴好绳索，沿绳爬下

C. 若被困于二楼，也可以先向外扔被褥或垫子，然后攀着窗口或阳台往下跳

D. 可以转移到其他比较安全的房间，窗边或阳台上，耐心等待消防人员援救

8. 在床下寻找物品时，照明应当使用（　　）。

A. 手电筒　　B. 蜡烛　　C. 打火机　　D. 火柴

9. 家庭中为了防止煤气泄漏，下列做法中不正确的是（　　）。

A. 如果闻到燃气味，立即开窗通风

B. 闻到燃气味时，立即打电话通知有关部门，请求尽快修理

C. 用肥皂水涂在管道接缝处，检查漏气位置，并通知相关部门进行检修

D. 使用液化石油气炉时，应该先点火，后开气

10. 被塌落重物压住身体时，错误的做法是（　　）。

A. 查清压在身上的物体是何物

B. 撤去身边的物体，用力向外面抽拉身体

C. 检查自己是否受伤，若没有受伤，根据情况向外缓慢拽拉身体

D. 若已受严重外伤，应尽力用衣服等物包扎好伤口

11. 安全色中的（　　）表示提示、安全状态及通行的规定。

A. 黄色　　B. 蓝色　　C. 绿色　　D. 红色

12. 被困在电梯中应采取（　　）行动是正确的。

A. 将门扒开脱险　　B. 从电梯顶部脱险

C. 电话求救或高声呼喊

13. 燃放烟花爆竹时，下列做法不正确的是（　　）。

A. 不要让未成年人单独燃放　　B. 为了凑热闹，最好在人群中燃放

C. 燃放烟花爆竹要远离加油站

14. 居民楼内通往楼顶平台的楼梯和出口（　　）。

A. 不可堵塞、封闭　　B. 可以独自占用

C. 可随意改动

15. 家用电器在使用过程中，下列说法中，（　　）不正确。

A. 禁止用湿手操作开关或插拔电源插头

B. 不能用湿手更换灯泡

C. 家用电器在正常工作时，可以随意搬动

16. 三线电缆中的红色线是（　　）。

A. 零线　　B. 火线　　C. 地线

17. 发现别的单位或家庭失火时，您应该（　　）。

A. 拨119电话报警，讲明失火地点、火势大小、本人姓名和联系方式后，参加灭火

B. 报警，但不参加灭火

C. 不报警，也不参加灭火

18. 下列（　　）项说法是错误的。

A. 只要不乱扔烟头，可以在床上吸烟

B. 明火照明时不离人，不要用明火照明寻找物品

C. 离家或睡觉前要检查电器具是否断电，燃气阀门是否关闭，明火是否熄灭

D. 炉灶附近不放置可燃易燃物品

19. 如果油锅着火，（　　）扑救。

A. 用水浇灭　　B. 用锅盖盖住　　C. 其他方法　　D. 打开抽油烟机

20. 如果液化气着火，（　　）扑救。

A. 用水浇灭　　B. 用湿棉被盖住瓶罐

C. 其他方法　　D. 不知道

21. 居民楼发生火灾后应当（　　）逃生。

A. 躲在死角里或者床下等待救援　　B. 赶快乘电梯逃生

C. 从安全通道逃生

22. 餐馆厨房油烟会产生污染危害健康，所以应当（　　）。

A. 常通风　　B. 用抽油烟机　　C. 油温要低　　D. 安装油烟净化装置

二、多项选择题

1. 佩戴首饰除了带来了美观，也可能带来的危害有（　　）。

A. 佩带部位过敏　　B. 电离干扰人体正常生物电流
C. 放射性污染　　D. 重金属污染

2. 家庭常备应急物品储备箱里应包括（　）。
A. 计算器　B. 收音机　C. 手提电脑　D. 饮用水及其他

3. 灾后重返家园时要注意（　）。
A. 检查室内是否还有煤气泄漏　　B. 电线是否松落
C. 房屋结构是否受损　　D. 遇到危险立即报告

4. 紧急情况下可以通过（　）发出求救信号求援。
A. 火焰、浓烟　　B. 颜色鲜亮的旗子或布料
C. 罐头盒盖、玻璃或金属片　　D. 声音

5. 制定家庭应急计划应包括（　）。
A. 疏散路线　　B. 家人之间的联络方式
C. 水、电、气总阀的位置　　D. 急救常识及其他

三、判断题（正确的打上"√"，错误的打上"×"）

1. 小张邻居家发生了火灾，小张发现后立即拨打119火警电话，"叔叔，我们这里着火了，快来救火"说完就把电话放下了。（　）

2. 小明放学回家后，闻到室内有很强的煤气味，他立即打开电灯察看。（　）

3. 城市市民家中应备防震包，包内应有：手电、多功能小刀、结实的绳子、矿泉水、饼干、罐头以及急救药品等。（　）

四、问答题

1. 为什么家用冰箱不适宜存放易燃液体？
2. 柴灶、煤灶与液化气灶能在同一房内使用吗？为什么？
3. 电器着火了，该怎么办？
4. 当你发现液化石油气瓶、灶具漏气时应当怎么办？
5. 使用液化石油气炉为什么要先点火，后开气？
6. 液化石油气初起火灾如何扑救？
7. 怎样使用干粉灭火器？
8. 烟头为什么容易引起火灾？
9. 火灾时，如果你被困在室内如何待救？
10. 怎样处置家庭初起火灾？
11. 为什么湿手不要接触通电电器？
12. 如何安全乘坐电梯？
13. 火灾发生后如何防止烟雾从门缝进来？
14. 厨房防火需要注意哪些内容？
15. 使用液化石油气需要注意什么？
16. 点蚊香需要注意什么？
17. 就寝前和外出前应做哪些检查？
18. 居家逃生计划应怎么做？

19. 在厨房中应注意哪些消防安全?
20. 灾害发生后应如何报案?
21. 发生火灾时你应注意的事项?
22. 烹饪时油锅起火应如何处置?
23. 逃生中如何避免火、烟之危害?

五、思考题

1. 如何安全地使用家用电器?
2. 如何避免校园暴力的侵害?
3. 校园盗窃案件有哪些特点?
4. 如何预防体育运动受伤?

第二章　交通安全常识

第一节　日常交通安全规则

一、靠右行的原则

靠右行是指行人或车辆在法律、法规规定的范围内，必须遵守靠道路右边一侧行走或行驶。确定这个原则，原因是行人和各类车辆在同一道路内往同一方向行进，可以保证交通流向的一致性，能有效地减少和避免行人之间、车辆之间相撞现象的发生。我国自古就有靠右行驶的传统和习惯，所以一直沿用靠右行的规则。

二、行人、车辆各行其道的原则

各行其道是指车辆、行人在规定的机动车道、非机动车道和人行道上分开行驶（行走），互不干扰。我国人口众多，近几年随着轿车进入家庭的步伐加快，道路上的车流量也明显增加，如果机动车、非机动车和行人混行在同一道路上，会增加交通事故。因此，法律规定，行人和车辆各行其道。

三、确保交通安全的原则

根据粗略统计，在我国交通事故的发生原因中，各种交通违章占90%以上。交通法规是公民的生命之友，每个人都必须遵守交通法规，不做违反交通法规的事情。如果遇到有交通法则法规没有明文规定的例外情况，广大中职生必须遵守“车辆、行人必须在确保安全的原则下通行”的原则。

第二节　步行安全常识

同学们在道路上行走时，要注意以下几个方面：

（1）严守交通规则。发生交通事故的一个主要原因是行人不遵守交通规则，横穿马路，故车祸时，行人就成了最大的受害者。所以，横过马路时，要走人行横道、地下通道或过街天桥，在设有红绿灯的路口穿过马路时，要等对面绿灯亮起，不可与汽车抢道。穿过没有交通信号控制的人行横道，须注意车辆，不准追逐猛跑。在一些小的城镇和乡间，马路不设人行横道，过马路时要一慢二看三通过，千万不能在车辆临近时突然猛跑横穿马路。察看近处是否有车驶来，要先看左边，因为首先威胁行人的是左边来的车辆。看车时要学会目测车速和距离。如果车速很快，即使相隔有较长一段距离，也要让车先通过。通过铁路道口时，要服从指挥信号和看守人员的指挥，没有信号或无看守人员的道口，通过时须看清左右，确认安全后再通行。

（2）步行在街道或公路上，要走人行道，没有人行道的地方，靠路的右边行走，不要往路的内侧靠近。步行时精神要集中，不要边走边玩或是在车来车往的地方边听音乐边走路，不要为了方便和省力，而去翻越马路或铁道口的护栏，或是在道路上扒车、追车和强行拦车，这样很容易造成事故。

（3）横穿没有交通信号灯的公路或街道时，要走人行横道，并且注意主动避让来往车辆，不要在车辆临近时抢行。

（4）穿越没有人行横道线的马路时，要做到：第一，穿越马路前，先在路边停一下，据有关专家估测，如果每个人都能在穿越马路前暂停一下，就可至少减少一半的交通事故；第二，先看左边有无来车，再看右边有无来车，因为车辆靠右行驶，从左边过来的车辆离过马路的人距离近些，一旦漏看，潜在危险是很大的；第三，如确定没有车辆过来，应尽快直行通过，不要停下来做系鞋带、捡东西之类的事情。

（5）不要翻越道路中央的安全护栏和隔离墩。不要突然横穿马路，特别是马路对面有熟人、朋友呼唤，或者是自己要乘坐的公共汽车已经进站，千万不能贸然行事，以免发生意外，如图 2-1 所示。

图 2-1 不准穿越、倚坐人行道、车行道和铁路道口的护栏

（6）不得在道路上使用滑板、旱冰鞋等滑行工具，不得在车行道内坐卧、停留、嬉闹，不得扒车、强行拦车，不得实施追车、抛物击车等妨碍交通安全的行为。

（7）在雾、雨、雪天，最好穿着色彩鲜艳的衣服，以便于机动车司机尽早发现目标，提前采取安全措施。下雪时行走（或在积雪时间较长的路上），最重要的是步幅放小且保持固定步调，有节奏地行走。如果积雪仅到埋过自己鞋子的程度，几乎影响不到步伐，可正常行走，若积雪深及腰部，就得推开摆在眼前的雪，步步为营，以尽量减轻疲劳。除雪前进的要诀是：将自己的身体倾向前行方向，靠自己的重心和体重推开雪往前进。

（8）夜间行走要防止意外事故的发生。因为夜里行走能见度低，必须格外小心，不然，有可能会滑进路旁的阴沟里，摔进施工挖的土坑里或掉下桥、山洞，后果不堪设想。所以，夜间行走时，要尽量走自己熟悉的路段，注意观察路面的情况，及时发现异常情况，以防不测。

(9) 集体外出时，最好有组织、有秩序地列队行走；结伴外出时，不要相互追逐、打闹、嬉戏；行走时要专心，注意周围的情况，不要东张西望、边走边看书报或做其他事情。

第三节　骑车安全常识

我国经常被称为“自行车王国”，大多数市民家里至少都有 1 ~ 2 辆自行车，也有很多人把自行车当做最主要的交通工具。

我国交通法规规定：未满 12 周岁的公民，不准在道路上驾驶自行车（三轮车）。驾驶电动自行车和残疾人机动轮椅车必须年满 16 周岁。年龄不满 18 岁的学生不准驾驶摩托车。乘坐二轮摩托车必须戴安全头盔；乘坐摩托车的不准打伞、不准侧坐、不准站立。

一、骑车注意的内容

(1) 要经常检修自行车，保持车辆完好。车闸、车铃是否灵敏、正常，车胎、链条是否完好，这些尤为重要。

(2) 骑自行车要在非机动车道上靠右边行驶，不能逆行；转弯时不抢行猛拐，要提前减速，看清四周情况，以明确的手势示意后再转弯。电动自行车在非机动车道内行驶时，最高时速不得超过 15 公里。

(3) 不得在道路上骑独轮自行车或二人以上骑的自行车。

(4) 经过交叉路口，要减速慢行，注意来往的行人、车辆，不闯红灯，遇到红灯要停车等候，待绿灯亮了再继续前行。

(5) 不能逞能飞车穿行，超越前方自行车时，不要靠得太近，不要速度过快，同时在超越前面车辆时，不准妨碍被超车辆的行驶。

(6) 自行车（三轮车）不得加装动力设备。

(7) 骑自行车（电动自行车、三轮车）在路段上横过机动车道，应当下车推行，有人行横道或者行人过街设施时，应当从人行横道或行人过街设施通过；没有行人过街设施或不便使用行人过街设施的，在确认安全后直行通过。

(8) 骑车时不要手中持物，不要双手撒把，不多人并骑，不互相攀扶，不互相追逐、打闹。

(9) 骑车时不攀扶机动车辆，以免被刮倒；不载过重的物品；骑车时要精神集中，不要戴耳机听广播或听随身听。

(10) 通过陡坡、横穿四条以上机动车道、夜间灯光炫目或途中车闸失效时，须下车推行，切忌突然停车，下车前必须伸手上下摆动示意，不准妨碍后面车辆行驶，如图 2-2 所示。

图 2-2　骑车过马路

（11）骑自行车时不准载人，因为自行车的车体轻、刹车灵敏度低，轮胎很窄，如果载人的话，车子的总重量增加，容易失去平衡，遇到突发情况时，容易发生事故。

（12）学习、掌握基本的交通规则知识。

二、雨雪天气骑自行车应注意以下事项

（1）骑车途中遇雨，不要为了免遭雨淋而埋头猛骑。

（2）雨天骑车，最好穿雨衣、雨披，不要一手持伞，一手扶把骑行。

（3）雪天骑车，自行车轮胎不要充气太足，这样可以增加与地面摩擦，不易滑倒。

（4）雪天骑车，应与前面的车辆、行人保持较大的距离；要选择无冰冻、雪层浅的平坦路面，不要猛捏车闸，不急转弯，转弯的角度也应尽量大些。

（5）雨雪天气，道路泥泞湿滑，骑车要精力更加集中，随时准备应付突发情况，骑行的速度要比正常天气时慢些才好。

三、骑车的常规知识

对于骑车人来说保持车辆的整洁干净、部件齐全应该是最基本的要求。自行车的车尾都有反射灯，这个反射灯是用来提醒后面的车辆注意安全的，骑车人应该注意自己的反射灯是不是完好，尤其在夜间，免得在比较黑暗的地方因别的骑车者或开车者不能发现而出现问题。

1. 按铃要有度

自行车的车铃是帮助骑车人提醒旁边的车辆注意自己用的，在发生情况之前按按铃可以给别人一个提醒，免得造成别人措手不及。但是有人按铃的时机把握得不是很恰当，超车的已经都超过来了才在别人的车旁按，尤其是装了那种气囊式车铃

的，声音很大，往往会把别人吓一跳，就不是很礼貌了。还有的人着急，按铃时间特别长，听起来有“很不满”的感觉，这样容易引起别人的反感，最好不要过长时间地按铃。

2. 骑车学会打手势

在骑自行车前进的过程中，由于自行车没有配备像汽车一样的转向灯设备，所以学会在变化行车方式之前打手势显得很重要。首先是在转向之前要伸出同侧的手臂，告诉后面的骑车人“我要转弯了”，给他们一个提示，免得后面的人不知道，撞在一起，造成伤害事故。如果自己的速度比身后的自行车慢，别人希望能继续快速行驶，那就不要故意挡在人家的前面，而应该主动地在身侧摆摆手，让后面的骑车人先行。

3. 带人载物要符合规定

骑自行车时，除了带人和载物应该符合道路交通安全法的规定之外，更多地应该考虑是不是会给其他人造成困扰。比如横在车把上一个过长的条形物就很有可能在拐弯时影响到并排行驶的骑车人。而用车子携带一个过长，超出车尾的物品则容易影响后面的骑车人，甚至在紧急情况下会造成后面的人撞在突出的物品上。

4. 指定地点停放车辆

一个城市静态的交通秩序其实在很大程度上反映了市民素质的高低，在自行车停放场所停放车辆的时候应该码放整齐，不要随意地往那里一扔，这样既不能充分利用有限的空间，看起来也非常不美观，很难给人留下良好的印象。

5. 骑自行车别穿短裙

在骑自行车的时候，其实着装也是重要的一点。女性别穿太长或太短的裙子骑车，太长的裙子容易卷进车轮，造成危险；太短，一边骑车还要一边防止“走光”，都不利于正常的行车。

第四节　乘车安全常识

一、乘坐机动车安全

汽车、电车等机动车是人们最常用的交通工具，为保证乘坐安全，应注意以下几点：

（1）乘坐公共汽（电）车，要排队候车，按先后顺序上车，不要拥挤。上下车应等车停稳以后，先下后上，不要争抢。上车后不要匆匆忙忙找座位，发现老、弱、病、残、孕妇及带小孩的人，要主动让座。

（2）不要把汽油、爆竹等易燃易爆的危险物品带入车内。

（3）乘车时不要把头、手、胳膊伸出车窗外，以免被对面来车或路边树木等刮伤，也不要向车窗外乱扔杂物，以免伤及他人。

（4）乘车时要坐稳扶好，没有座位时，要双脚自然分开，侧向站立，手应握紧扶手，以免车辆紧急刹车时摔倒受伤。

（5）乘坐小轿车、微型客车时，在前排乘坐时应系好安全带。

（6）尽量避免乘坐卡车、拖拉机，必须乘坐时，千万不要站立在后车厢里或坐在车厢板上。

（7）不要在机动车道上招呼出租车。

（8）乘坐公共汽车时，要注意防扒手，携带的财物，要放在安全的地方，上车后不要停留在车门口处，因为车门处上下车人多拥挤，扒手最容易得逞。一旦发现自己在车上丢失财物，要立即告诉司机和售票员，请他们帮助查找。

二、乘坐火车安全

长途旅行需要乘坐火车，乘坐火车时应注意下列几点：

（1）按照车次的规定时间进站候车，以免误车。

（2）在站台上候车，要站在站台一侧白色安全线以内，以免被列车卷下站台，发生危险。

（3）列车行进中，不要把头、手、胳膊伸出车窗外，以免被沿线的信号设备等刮伤。

（4）不要在车门和车厢连接处逗留，那里容易发生夹伤、扭伤、卡伤等事故。

（5）不要带易燃易爆的危险品（如汽油、鞭炮等）上车。

（6）不向车外扔废弃物，以免砸伤铁路边行人和铁路工人，同时也避免造成环境污染。

（7）乘坐卧铺列车，睡上、中铺要挂好安全带，防止掉下摔伤。

（8）保管好自己的行李物品，注意防范盗窃分子。

三、乘坐地铁安全

为了适应现代城市道路交通的需要，许多大中城市发展了地下铁路的交通，极大地缓解了地面交通拥挤的状况。根据形势的发展，地铁必将成为人们出行代步的重要交通工具。因此，广大中职学生必须具备乘坐地铁的安全常识。

（1）安全地进站出站。地铁的站台都建在地面以下，有的站设置了电动滚梯，上下都十分方便，有的站没有滚梯，要步行从台阶上逐级走上走下。因此，乘滚梯时不要拥挤，按顺序靠右边上下，站稳扶牢，防止跌伤。上下台阶时不要追跑，既防止挤撞别人，发生危险，又防止自己踩空摔倒。

（2）不携带危险品。地铁是严禁乘客携带以下物品进站乘车的：易燃、易爆、有毒、有害化学危险品，如雷管、炸药、鞭炮、汽油、柴油、煤油、油漆、电石、液化气、各种酸类等放射性、腐蚀性物品，压力容器等危险品，或有刺激性气味的物品；非法持有的枪械弹药和管制刀具；气球、锄头、扁担、铁锯、铁棒、运货平板推车、自行车、笨重物品，或其他可能妨碍他人在站（车）内通行，危及乘客人身安全和影响地铁运营秩序的超长、超宽、超高的物品。地铁工作人员一旦发现乘客携带以上物品进站，将有权暂扣其物品，并拒绝其进站乘车，或交公安机关依法处罚。

（3）安全地上下车。地铁列车到达车站后，应该按照箭头指示方向上下车，先下后上，千万不要拥挤；上下车时要小心列车于站台之间的空隙，照顾好同行的小孩和老人；同时留意屏蔽门和列车门开关，屏蔽门灯和车门灯的闪烁、关闭的警铃鸣响时都不要上下车；屏蔽门如不能自动开启时，可按下屏蔽门上的绿色按钮，手动开启屏蔽门，而带有绿色横杆的应急门，用手推动横杆也可开启。

（4）乘车安全。乘车时乘客一定要紧握扶手，不要倚靠车门，以免影响车门开启；乘客如果身体不适，尽可能在下一站下车，然后向车站工作人员求助。应该特别注意的是，当车门正在关闭时，切勿强行上下车。

（5）在乘坐地铁时可能还会遇到一些特殊情况：若你的物品掉落轨道，千万不要自行取物，可联系车站工作人员寻求帮助；车站如有紧急情况需要疏散时，千万不要慌乱，不要拥挤，要听从指挥，留意广播，使用离自己最近的楼梯、扶梯、出入口，快速离开车站；若车上发生火灾，应该按压列车上的报警按钮联络司机，按照司机或工作人员的指引尽快离开车站。

第五节　乘电梯安全常识

当电梯成为我们生活当中频繁使用的一种工具时，电梯运行事故也不时在我们的生活中发生。根据国家质检总局统计，近年来我国电梯事故频发，2006 年全国共发生电梯严重以上事故 39 起，死亡 31 人。

电梯是一种日常的现代化立体交通工具，但是它在为人类带来方便的同时，偶尔也显现出无情的一面。尽管人们把它列入特种危险设备行列予以防范，但它每年还是会吞噬少数莽撞无知者的生命。但是，同学们大可不必为此感到不安，因为现代电梯早已具备了稳妥、安全、快捷的品质，只要遵循下述三则，便可确保平安。

1. 绝不扒门一步跨

如果能始终规规矩矩地使用按钮呼救，在任何状况下都不扒门，那么乘电梯的安全系数便会大增。因为事故分析表明，电梯事故有 70% 以上都发生在电梯门上，且大多数与扒门有关。何以至此呢？懂得电梯结构的人都知道，从外面扒开电梯门，无异于在你脚前突然出现一个陷阱；从里面扒开电梯门就有被剪切、挤压、擦刮之险。因此，乘电梯时一定要看清了再步入，待电梯停稳了，门开后再走出。

2. 受困电梯不乱来

乘电梯也可能偶然被困在里面，这如同堵车一样很正常，因而没必要惊慌，更不能因此而乱扒、乱踢、乱鼓捣。乱来是导致事故的祸因，这也是电梯事故的一大类型。因为突然停梯的原因有很多种，可能是停电所致，也可能是其他原因造成的，在不知晓原因的情况下，一切莽撞的逃离行为皆属盲目冒险之举，如图2-3所示。

图2-3　受困电梯不乱来

其实此时，最合适的选择就是听司机的指令。如果你所乘的电梯处于无司机的自动运行状况，那你就在操纵面板上寻找警铃按键向外呼救，因为只有安全规范的解救办法才是最可靠的。

3. 出现异常不惧怕

如果很不幸运，你遇上了电梯失控，应当老老实实地呆在里面，而并不会受到危害，大不了经受几下冲击震荡而已，因为失控后电梯还有好几套可靠周密的保护装置，保护你安全“着陆”。在这种情况下，一怕过度惊慌，二怕逃离心切。要知道，这时逃离的危险大于受困电梯内。

第六节　乘轮船安全常识

【案例链接】2005年12月25日上午，在湖北省石首市江段，湖北省石首市航运公司一小型客船大雾中迷失航向，搁浅江中，后与湖南省长沙市一大型船队江中相撞。当地政府报告说这次事故酿成石首客船3人死亡、8人失踪的惨剧。

我国水域辽阔，人们外出，会有很多机会乘船，船在水中航行，本身就存在遇到风浪等危险，所以乘船的安全十分重要。

一、乘船时注意事项

（1）为了保证航运安全，凡符合安全要求的船只，有关管理部门都发有安全合格证书。同学们外出，不要乘坐无证船只。

（2）不乘坐超载的船只，这样的船只没有安全保障。

（3）严守船上的规章制度，严禁带火种到处走动，严禁带易燃易爆等危险品上船。

（4）上下船要排队按次序进行，不得拥挤、争抢，以免造成挤伤、落水等事故。

（5）天气恶劣时，如遇大风、大浪、浓雾等，应尽量避免乘船，更不要去划船。

（6）不在船头、甲板等处打闹、追逐、以防落水。不拥挤在船的一侧，以防船体倾斜，发生事故。

（7）乘船时，在候船室不能到处乱跑，不要站在扶梯口，不要攀登安全护栏，在船上不要随意跨过“旅客止步”的界限；船上的许多设备都与保证安全有关，不要乱动，以免影响正常航行。上轮船后，要弄清安全通道的方位和救生设备放置的地方。

（8）夜间航行时，不要用手电筒向水面、岸边乱照，以免使驾驶员产生误解而发生危险。

（9）要把自己的行李物品放在自己视线之内，提高警惕，以防被盗。当发现作案分子或可疑人员时，要及时大胆向乘警或乘务人员报告、检举。

（10）一旦发生意外，要保持镇静，听从有关人员指挥。

二、船艇下沉时逃生步骤

（1）船艇撞到礁石、浮木或其他船只上，都可能导致船体洞穿，但是并不一定马上下沉，也许根本不会下沉。应该来得及穿上救生衣，发出求救信号，手机、信号弹和燃烧的衣物都可以发出求救信号。

（2）除非是别无他法，否则不要弃船。一旦决定弃船，请在工作人员的指挥下，先让妇女儿童登上救生筏或者穿上救生衣，按顺序离开事故船只。注意！穿救生衣时要像系鞋带那样打两个结。

（3）如果来不及登上救生筏或者救生筏不够用，不得不跳进水里，就应迎着风向跳，以免下水后遭迎面飘来的漂浮物的撞击。跳时双臂交叠在胸前，压住救生衣。双手捂住口鼻，以防跳下时进水。眼睛望前方，双腿并拢伸直，脚先下水。不要向下望，否则身体会向前倾而掉进水里，容易使人受伤，如果跳的方法正确，并深摒一口气，救生衣会使人在几秒之内浮出水面，如果救生衣上有防溅兜帽，应该解开套在头上。

（4）跳水一定要远离船边，跳船的正确位置应该是船尾，并尽可能地跳远，不然船下沉时涡流会把人吸进船底下。

（5）跳进水中要保持镇定，既要防止被水上漂浮物撞伤，又不要离出事船只太远。如果事故船在海中遇险，请耐心等待救援，看到救援船只挥动手臂示意自己的位置。如果在江河湖泊中遇险，在很容易游上岸边的情况下，请尝试。如果水速很急，不要直接朝岸边游去，而应该顺着水流游向下游岸边，如果河流弯曲，应游向内弯，那里较浅并且水流速度较慢。请在那里上岸或者等待救援。

第七节　交通事故应急处理

一、交通事故主要应急措施

一旦发生交通事故：

（1）及时报案。应及时将事故发生的简要情况打电话（112 或 110）向公安机关或值勤民警报案。

（2）保护现场。保护现场的原始状态，不得故意破坏、伪造现场。

（3）抢救伤员和财物。当确认受伤者的伤情后，能采取紧急抢救措施的应尽最大努力抢救，设法送附近医院抢救治疗。

（4）做好防火防爆措施。如果车辆上装有危险品，还应该及时通知消防部门，做好防范措施。

（5）协助现场调查取证。有关人员必须如实向公安机关陈述事发经过，配合警察做好善后处理工作。

二、遇险后的急救常识

（1）遇有交通人身伤害事故时，在无人救助的情况下，要尽可能移至安全地带，以免再次受伤。

（2）保持镇静，放松过度紧张的心情，针对伤势采取止血、包扎、固定等自救措施。

（3）对暴露的伤口要尽可能先用干净布覆盖，再进行包扎，以保护好伤口。

（4）不要取出伤口内异物，不要随便清理伤口，避免损伤神经和血管。伤口禁止用水冲洗和随意涂抹药物，避免伤口感染。

（5）利用身边现有材料如三角巾、手绢、布条等折成条状缠绕在伤口上方，用力勒紧，可起到止血作用。

（6）如有骨折要尽可能减少移动，或者利用现有材料固定骨折部位，避免骨折断端刺伤皮肤、血管和其他部位。

（7）托扶受伤部位，可以减轻痛苦。

（8）利用现有的衣物设置明显标志。如果是夜晚，应根据情况，尽可能转移到有照明或易被发现的位置，以便引起过往行人、司机的注意，及时得到救助。

第八节　常用道路交通标志

一、道路交通标志

道路交通标志是用图形符号、颜色和文字向交通参与者传递特定信息，用于管理交通的设施。道路交通标志分为主标志和辅助标志两大类。主标志又分为：警告标志、禁令标志、指示标志、指路标志、旅游标志和道路施工安全标志。辅助标志是指紧靠主标志下缘，起辅助说明作用的标志。其形状为长方形，颜色为白底、黑字、黑边框。用于表示时间、车辆类型、警告和禁令的理由、区域或距离等主标志无法完整表达的信息。

二、警告标志

警告标志是警告车辆和行人注意危险地点的标志。其形状为等边三角形顶角朝上，颜色为黄底、黑边、黑图案，如图2-4所示。

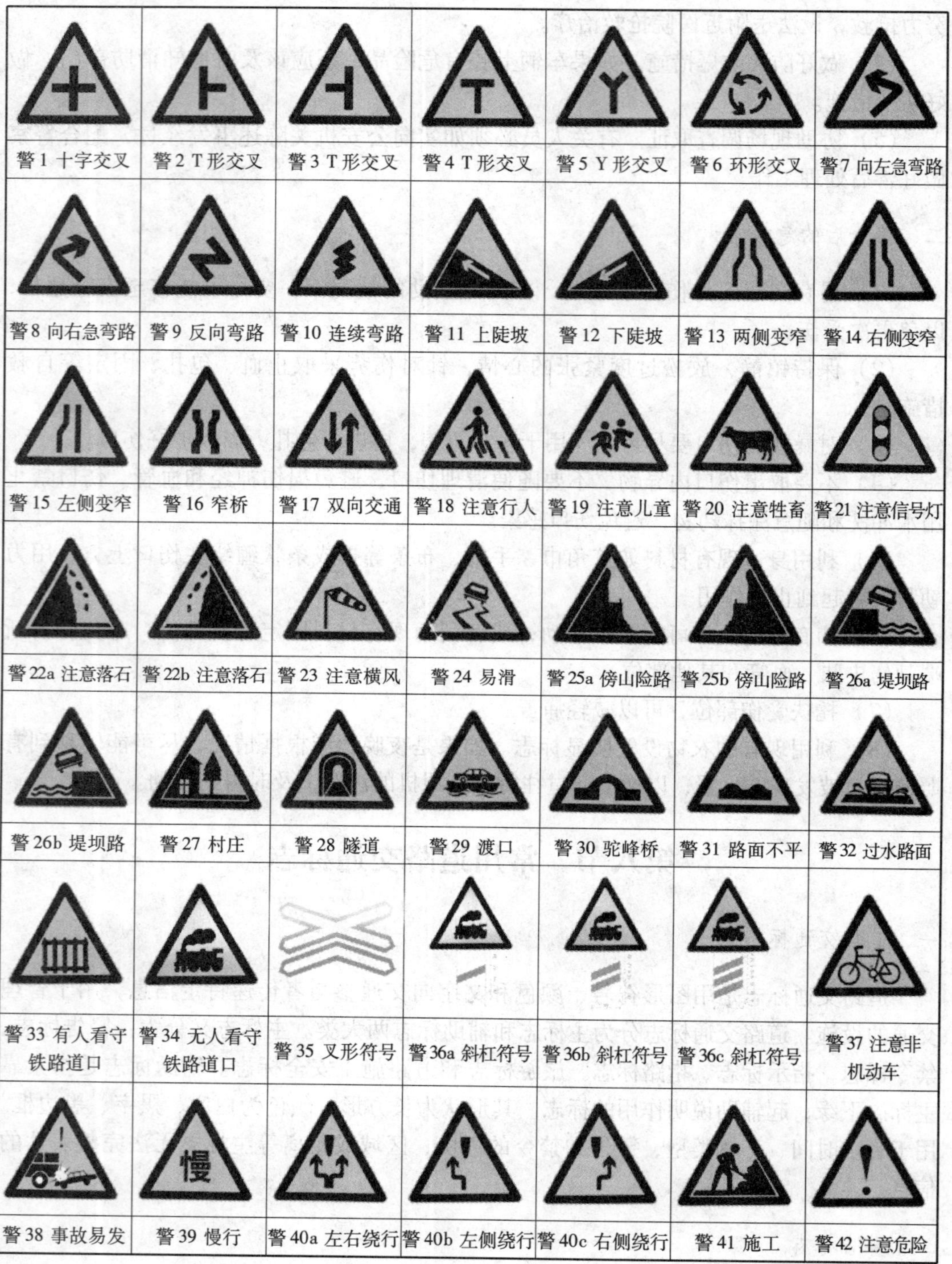

警1 十字交叉
警2 T形交叉
警3 T形交叉
警4 T形交叉
警5 Y形交叉
警6 环形交叉
警7 向左急弯路
警8 向右急弯路
警9 反向弯路
警10 连续弯路
警11 上陡坡
警12 下陡坡
警13 两侧变窄
警14 右侧变窄
警15 左侧变窄
警16 窄桥
警17 双向交通
警18 注意行人
警19 注意儿童
警20 注意牲畜
警21 注意信号灯
警22a 注意落石
警22b 注意落石
警23 注意横风
警24 易滑
警25a 傍山险路
警25b 傍山险路
警26a 堤坝路
警26b 堤坝路
警27 村庄
警28 隧道
警29 渡口
警30 驼峰桥
警31 路面不平
警32 过水路面
警33 有人看守铁路道口
警34 无人看守铁路道口
警35 叉形符号
警36a 斜杠符号
警36b 斜杠符号
警36c 斜杠符号
警37 注意非机动车
慢
警38 事故易发
警39 慢行
警40a 左右绕行
警40b 左侧绕行
警40c 右侧绕行
警41 施工
警42 注意危险

图2-4 警告标志

三、禁令标志

禁令标志是禁止或限制车辆、行人交通行为的标志。其形状通常为圆形，个别为八角形或顶点向下的等边三角形。其颜色通常为白底、红圈、红斜杆和黑图案，“禁止车辆停放标志”为蓝底、红圈、红斜杆，如图 2-5 所示。

图 2-5　禁令标志

四、指示标志

指示标志是指示车辆、行人行进的标志。其形状为圆形、正方形或长方形，颜色为蓝底白图案，如图 2-6 所示。

图 2-6　指示标志

五、指路标志

指路标志是传递道路方向、地点和距离信息的标志，其形状，除地点识别标志、里程碑、分合流标志外，为长方形或正方形。其颜色，一般道路为蓝底白图案，高速公路为绿底白图案，如图 2-7 所示。

清 远
路1 地名
洛溪大桥
路2 著名地点
广东界
路3 行政区划分界
神岗道班
狮岭道班
路4 道路管理分界
G105
路5 国道编号
S203
路6 省道编号
X08
路7 县道编号
路8a 行驶方向
路8b 行驶方向
香河
雀黄口
下仓
前方500m
路9a 交叉路口预告
长椿街
宣武门
前门
前方300m
路9b 交叉路口预告
长陵 5km
南口 10km
顺义 30km
路10c 十字交叉路口
西单
平安里
路11a 丁字交叉路口
王府井
美术馆
路11b 丁字交叉路口
广州
江门
中山港
中央门
挹江门
太平门
草场门
路12 环字交叉路口
香河
北京
天津
路13a 互通式立交
马驹桥
廊坊
大羊坊
路13c 互通式立交
关岭
黄果树
郎岱
路13d 互通式立交
珠海
南沙
路14 分岔处
横沥 3km
中山 35km
珠海 65km
路15 地点距离

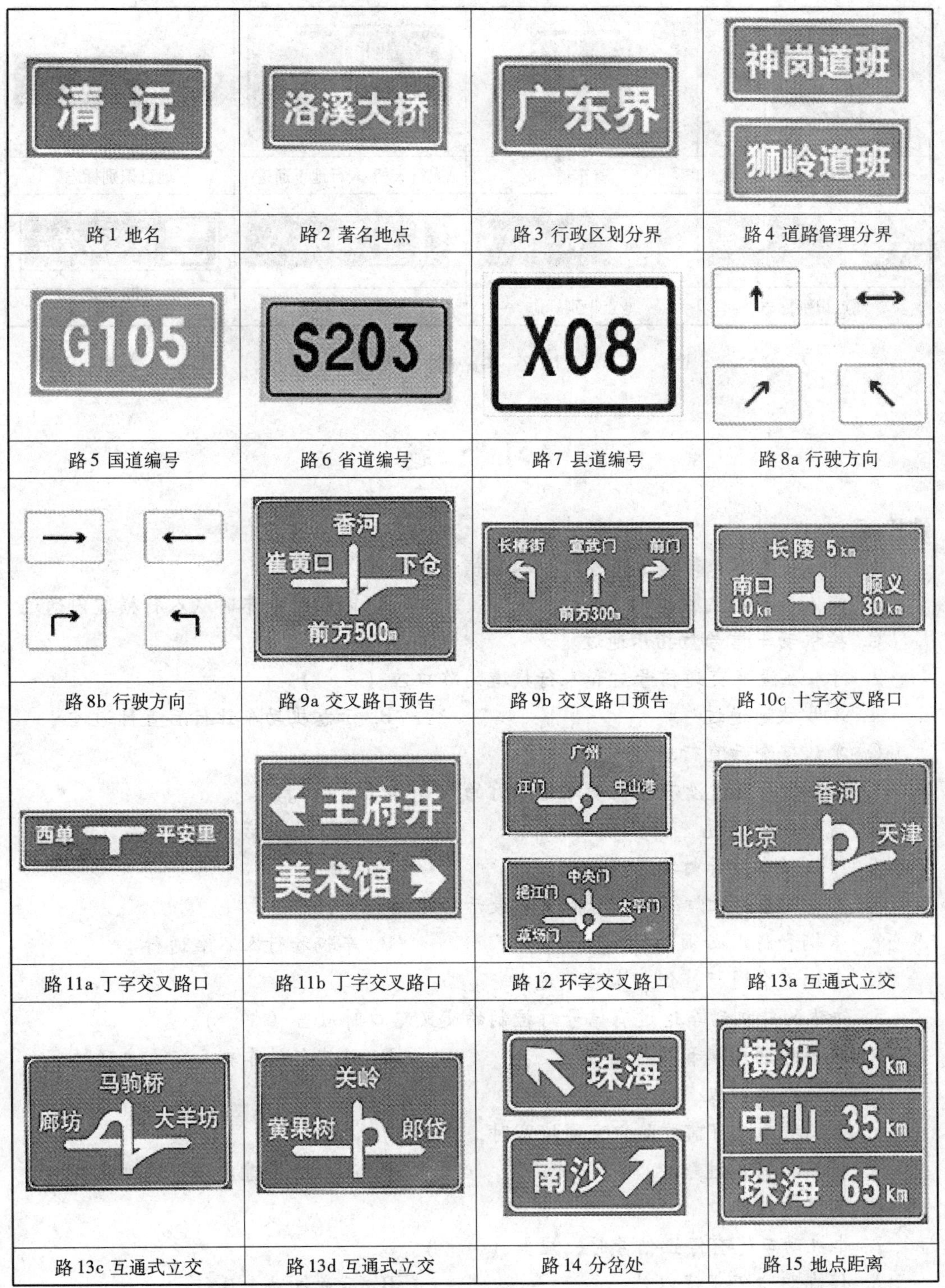

图 2-7　指路标志

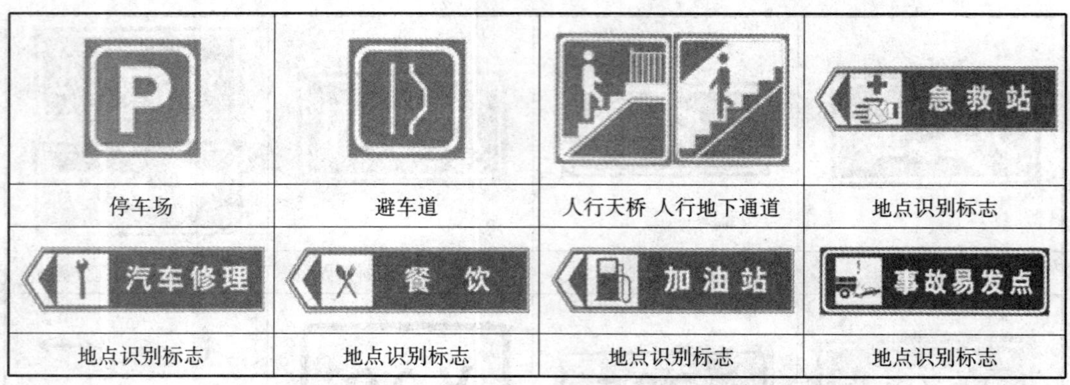

停车场	避车道	人行天桥 人行地下通道	地点识别标志
地点识别标志	地点识别标志	地点识别标志	地点识别标志

图 2-7　指路标志（续）

习　题

选择题

1. 行人在没有人行横道信号灯的人行横道应（　　）。

A. 在人行横道内快速通过　　B. 两面无来车时从人行横道内通过

C. 按机动车信号灯指示通过

2. 行人在没有交通信号灯和人行横道的路口应（　　）。

A. 跑步快速通过　　B. 示意机动车让行后直行通过

C. 确认安全后直行通过

3. 骑自行车通过没有非机动车信号灯的路口应（　　）。

A. 减慢车速通过　　B. 确认安全后通过

C. 按机动车信号灯指示通过

4. 夜间当路口红灯不停闪烁时，它表示的是（　　）。

A. 车辆和行人必须让行　　B. 车辆和行人不准通行

C. 车辆不准通行，但行人可以通行

5. 转弯的非机动车通过有信号灯控制的交叉路口时应当（　　）。

A. 在直行的车辆和行人前通过　　B. 让直行的车辆和行人先通过

C. 有优先通行权

6. 非机动车遇有前方路口交通堵塞时，应当（　　）。

A. 下车推行通过路口　　B. 从人行横道内绕行通过路口

C. 不得进入路口

7. 非机动车遇有停止信号时，应当（　　）。

A. 停在路口停止线以外　　B. 示意机动车让行

C. 下车推行

8. 非机动车在没有停止线的路口遇有停止信号时应当（　　）。

A. 在人行横道内等候　　B. 在路口以外停车

C. 只要无来车就快速通过

9. 在没有交通信号灯控制也没有交通警察指挥的路口，相对方向行驶同为转弯的非机动车相遇时（　　）。

A. 左转弯的车让右转弯的车先行　　B. 右转弯的车让左转弯的车先行

C. 谁抢先谁先行

10. 骑自行车或电动自行车在路段上横过机动车道时，应当（　　）。

A. 注意车辆缓慢通行　　B. 示意车辆让行

C. 下车推行

11. 在没有非机动车的道路上，骑自行车应当（　　）。

A. 在人行道上骑行　　B. 在机动车专用道内骑行

C. 靠机动车道的右侧骑行

12. 骑自行车应当（　　）通行。

A. 在机动车道内　　B. 在非机动车道内　　C. 在人行横道上

13. 未满（　　）周岁的儿童，不准在道路上骑、学自行车。

A. 10　　B. 12　　C. 4

14. 黄灯持续闪烁时表示（　　）。

A. 有危险，车辆、行人不准通过

B. 车辆、行人须注意观察，确认安全后通过

C. 车辆、行人可以优先通过

15. 当路口信号灯为红灯和黄灯同时亮时，它表示的含义是（　　）。

A. 即将变为绿灯，做好起步准备　　B. 清理路口不准通行

C. 道路畅通快速通过

16. 机动车行驶时，除驾驶人应当按规定使用安全带外，同车还有（　　）要使用安全带。

A. 前排乘车人　　B. 后排乘车人　　C. 全部乘车人

第三章　消 防 安 全

第一节　火灾的成因

火灾发生的具体原因很多，既有人为的，也有自然灾害引起的；既有故意造成的，又有用火不慎导致的。一般来讲，家庭和学校火灾发生的原因主要有以下几种：

一、家庭火灾成因

1. 电气

主要是指电气线路、设备不良或安装使用不当等原因引发的火灾，比如电线老化漏电，胡拉乱接电线，用铜丝代替保险丝等。这类原因引起的火灾很多，且呈上升趋势，而且这类原因常引起大火。

2. 生活用火不慎

主要是在生火做饭、照明时，因设备不良或使用不慎引发的火灾。这类火灾虽然呈下降趋势，但仍占火灾总数的12%左右。

3. 吸烟

吸烟要用明火，有燃烧的烟头，吸烟后扔掉的烟头有可能还燃烧着，而烟头表面温度为200～300℃，中心温度可达700～800℃，它超过了棉麻、毛织物、纸张、家具等可燃物的燃点，若乱扔烟头接触到这些可燃物，容易引起燃烧，甚至酿成火灾。吸烟的人可能到处都去，因此吸烟者是危险的流动火源。吸烟引起的火灾很多，占10%左右。

4. 放火

主要是违法犯罪分子放火和精神病人放火。这类火灾占总数的9%左右，近年来呈上升趋势。

5. 玩火

主要是儿童玩火。比如孩子学大人生火做饭、点火、吸烟等，玩火柴、打火机等。其中，在校生玩火引起火灾的事件有一定的普遍性。

6. 自燃

主要是易燃、易爆化学物品和植物秸秆蓄热引起的自燃火灾，以漂白粉、造纸厂的草垛、棉垛、烟叶垛为多，占火灾总数的2%左右。

7. 违反安全规定

指在生产、经营中违章操作、违章经营、违章储存、违章运输或违章用火用电等引起的火灾。这类火灾已达24.6%，且呈上升趋势。这是典型的人为因素引发的火灾。

二、校园火灾成因

【案例链接】1994年12月8日新疆克拉玛依友谊宾馆，在学校组织汇报演出时，舞台光柱灯烤燃附近纱幕引起火灾发生特大火灾事故。火灾造成130人受伤，325人死亡。

1994年12月31日吉林某大学教学楼一学生在室内吸烟，将用后未熄灭的火柴棒，随手扔在木质地板上，掉进地板的窟窿里，引燃地板下的可燃物酿成火灾。火灾烧毁教室19间、语音室1间、阶梯教室1间，过火面积955平米。

1997年5月23日凌晨3时许，云南省富宁县洞波乡中心学校学生侯应香在床上蚊帐内点蜡烛看书，不慎碰倒蜡烛引燃蚊帐和衣物引起火灾。火灾损失惨重，烧死学生21人，伤2人，烧毁宿舍24平方米，直接经济损失1.5万元。

1998年1月22日凌晨2时，在济南某医院实习的某医学院10名学生，因用电炉不慎起火，烧死5人。

2002年12月1日晚，位于南京老虎桥附近的南大成教院宿舍楼电线老化引发大火，宿舍内的学生衣物等贵重物品均被付之一炬，损失惨重。2003年2月11日，中央民族大学8号楼学生宿舍发生火灾，经调查为宿舍内私拉电线所致。

2003年9月12日，北京工商大学新宿舍楼三层女生宿舍发生火灾，从小商小贩处购得的劣质电池充电器成为罪魁祸首。

2003年10月3日，北京交通大学学生宿舍发生火灾，是由于使用热得快烧水所致。

从以上案例可以看出，校园内发生火灾主要原因是违章用火用电、电气线路老化、人为违反消防安全管理制度和消防安全措施不落实所致，校园内一旦发生火灾不仅给国家和个人财产造成损失，甚至危急生命，而且还会严重影响校园安全和校园各项秩序。防范校园火灾是师生员工的共同责任。在日常工作学习生活中，要时刻敲响消防安全的警钟，从思想上树立牢固的消防安全意识，从我做起，严格执行消防安全各项制度，认真整改消除消防安全隐患。只有做到警钟长鸣，才能确保校园长治久安。导致校园火灾发生的因素主要是以下两个方面：

1. 学生方面的问题

很多学生缺乏消防安全知识，防灾意识淡薄，违章使用明火导致火灾。学校拉闸限电，学生为复习功课在熄灯后点蜡烛看书，经常发生人已入睡，蜡烛却未灭的情况，极易点燃周围摆放的各种书籍、生活用品和悬挂的衣物、蚊帐等；男同学躺在床上吸烟，乱扔烟头；有的同学在宿舍或走廊焚烧书信等，这些不安全的使用明火行为往往是校园火灾的主要诱因。

2. 学校方面的问题

首先，学校的建筑存在消防设计方面的缺陷。这类问题常见于早期修建的学校，表现为：建筑物老化、易燃、布局不合理、消防通道不畅通、防火间距不足、耐火等级太低、大型建筑无防火分隔、内部装修大量使用易燃材料等。这样的建筑极易诱发火灾，而且火灾发生后极易造成火灾的迅速发展和蔓延。

其次，消防设施不足或因管理不善而不能正常使用。由于历史、经济、管理等因素，很多职业学校建筑没有按规范配置消防设施，有的虽然有消防设备，但因使用年代过久或管理问题而无法使用，随着职业学校的迅速发展，其诱发火灾的因素已有所减少，但仍存在隐患，因此中职学生要加强消防意识。

最后，学校的消防安全制度不够完善，外来用工多，管理不到位。随着职业学校后勤的社会化，外来用工不断增多，人员素质参差不齐，安全隐患较多。在招收员工时，没有进行必需的岗前消防知识培训，匆忙上岗，一定程度上助长了火灾隐患的滋生。

第二节 火灾的预防

一、家庭防火

1. 炊事防火注意事项

在炉灶上煨炖各种含油类食品时，汤不宜太满，并应有人看管，发现汤水沸腾时，应降低炉温，或将锅盖揭开，或加入冷汤，防止油汤溢出锅外。油炸食品时，如油温过高起火时，油量较少的可沿锅边放入食品，火即熄灭；如油量较多，应迅速盖上锅盖，隔绝空气，即能停止燃烧，同时应熄灭炉内火焰，若有可能可将油锅平稳地端离炉火。应特别注意的是，遇油锅起火后，千万不能向锅内倒水灭火。此外，炉灶排风罩上的油垢要及时清除。

2. 液化气的防火措施

晚上睡觉前、外出时应关闭煤气、液化气总阀门。千万不能用明火（火柴、蜡烛等）查找煤气泄漏，若在夜间闻到煤气、液化气气味时，先打开门窗通风散气后，再去开灯。使用液化气必须在炉灶完好的状态下，在厨房里，钢瓶与灶具应保持1 ~1. 5米的安全距离，并保持室内空气流通，液化石油气钢瓶不得与煤炉等其他火源同室布置。点火时，应先点火后开气，用完火后，应立即关闭角阀，防止因胶管老化、脱落或鼠咬而漏气。使用液化气炉灶不能离人，锅、壶内不要装水过满，以防饭、水溢出浇灭炉火而造成泄漏。钢瓶要防止碰撞、敲打，不得接近火源、热源，更不能用热水烫、烘烤；钢瓶不能横放、倒放使用，严禁用自流方法将液化气从一个钢瓶倒入另一个钢瓶；不得私自处理残液化气；更换钢瓶时，要上好减压阀，并用肥皂水检查是否漏气；发现液化石油气泄漏时，要立即关闭气源，打开门窗通风，严禁触动电灯、抽油烟机、排气扇等电器开关。

3. 家用电器注意事项

经常检查电气线路，发现导线绝缘层有破损或者老化现象，要及时更新。在需要保险丝的用电线路中，要安装合适的保险丝，千万不能用大号保险丝或金属丝代替，防止电路漏电、短路、超负荷、接触电阻过大和绝缘层被击穿造成高温、打出电火花和出现电弧而酿成火灾。另外，使用大功率家用电器和微波炉、电热器、空调、电熨斗等要错开时间，以防电线过载。在使用家用电器时，使用时间不宜过长，使用完毕后要及时散热并切断电源。不要使用灯泡、电热器烤衣服、毛巾等易燃物品。电热淋浴器、电褥等使用时要格外小心，最好安装漏电保护器。

二、校园防火

学校是消防安全重点单位之一，无数火灾实例说明，学校一旦发生火灾，不但会影响正常的教学、科研秩序，而且还会造成重大的社会影响。正是由于学校的特殊性，校园防火显得尤为重要。根据学校的特点，校园防火的重点部位主要是学生宿舍与实验室。因为学生宿舍人员密度大，书籍、棉被、衣物、蚊帐等易燃物品多，一旦失火，火势蔓延速度快；实验室易燃易爆和化学物品集中，稍有不慎，就会引起火灾或爆炸。

1. 学生宿舍防火安全注意事项

（1）不准在寝室内乱拉乱接电线。因为电线和插头、插座多重连接，容易导致接触不良，接触不良容易产生电火花，如遇可燃物，就会失火。更危险的是将电线埋在被褥下面，如果电线发热造成绝缘层起火，后果更不堪设想。

（2）不准在寝室内使用大功率电器，如电茶壶、电炉、热得快、电炒锅等，因为它们都是靠电阻值较大的材料发热来获得热量，耗电量高（热得快功率就有800～1000瓦），如果用不配套的电线连接，一通电就会使电线发热，橡皮绝缘体软化，时间一长，超负荷运转就会使绝缘体老化甚至燃烧，从而引起火灾。

（3）不能躺在床上吸烟。因为躺在床上吸烟，稍不小心，燃烧的烟灰就会掉在被褥上直接引起火灾，特别是身体疲倦时或酒醉之后，往往烟未吸完，人就睡着了，烟蒂就会失去控制而点燃可燃物，造成人身伤亡或财产损失。

（4）不能点蜡烛看书。因为秉烛夜读，时间一长就会感到身体疲倦，捧着书本就会不由自主地进入梦乡。这时蜡烛一旦倒下或燃尽，就会点燃周围的可燃物（如书本、桌面、蚊帐等）。

（5）不能用纸当灯罩。因为纸的燃点是130℃，而一只功率60W的白炽灯在一般散热条件下，其表面温度为140～180℃，大大超过了纸的燃点，如果用纸当灯罩，灯泡表面温度到一定程度，达到纸张的燃点就会引起纸张燃烧。

2. 实验室、教研室的防火

（1）在实验室、教研室实习或工作时，一定要严格遵守各项安全管理规定、安全操作规程和相关制度。

（2）使用仪器设备前，应认真检查电源、管线、火源、辅助仪器设备等情况，使用完毕应认真进行清理，关闭电源、火源、气源、水源等，还应清除杂物和垃圾。尤其是使用易燃易爆危险品时，更要认真执行防火安全规定。

（3）中途离开实验室时，应切断电源。

（4）不能在实验室抽烟。因为实验室易燃易爆物品多，万一这些物品泄漏，抽烟点火时就会引爆，再说，烟蒂的温度很高，其中心温度可达800℃，如果将烟蒂扔在化学危险品或可燃气体、液体（如氢气、乙炔等）附近，就极易引起剧烈燃烧和爆炸等恶性事故。

（5）不能在实验室给手机、MP3 等充电。因为如今充电器不合格产品较多，如果充电时间过长，就容易发生危险。

三、公共场所防火

商场、宾馆、车站、机场、影剧院、俱乐部、文化宫、游泳场、体育馆、图书馆、展览馆等都属于公共场所，这些场所一旦发生火灾，伤亡惨重。因此，中职学生应该自觉遵守公共场所的防火规定。进入公共场所，自觉配合安全检查。不在公共场所内吸烟和使用明火。不带烟花、爆竹、酒精、汽油等易燃易爆危险物品进入公共场所。车辆、物品不要紧贴或压占消防设施，不应堵塞消防通道，严禁挪用消防器材，不得损坏消火栓、防火门、火灾报警器、火灾喷淋等设施。学会识别安全标志，熟悉安全通道。发生火灾时，应服从公共场所管理人员的统一指挥，有序地疏散到安全地带。

四、森林防火

林区一旦发生火灾，将带来人员和资源的巨大损失。防止森林火灾的发生，首先要杜绝人为火种，广大中职学生出入林区要严格遵守森林管理的规章制度，不要带火源进入森林，不要在林区吸烟、野炊和举行篝火晚会等活动。总之，同学们要爱护身边的一草一木，增强森林防火意识。

第三节　火场自救与逃生

【案例链接】 2009 年 2 月 17 日 4 时 52 分，浙江丽水市云和县贵溪村一栋居民住宅楼发生较大火灾，这次火灾事故过火面积 535.2 平方米，共造成 4 人死亡，4 人受伤。直接经济损失 25 万余元。起火建筑位于该县云和镇贵溪村 296 号，是一栋四层楼的水泥砖混结构民房，一层是汽车修理铺，二层以上是住宅出租房。据了解，当时楼内住有 30 余人，大部分是外来务工家庭租住。

但是11岁的小学生阙献涛从火海中带领全家成功脱险。他是如何沉着应对，避免了灾难呢？

“我先叫妈妈拿来毛巾捂住口鼻，又叫爸爸打电话报警。还告诉爸妈不要慌，要躲在房间角落里。然后，我又叫外婆一起趴在地上。后来消防叔叔来了，把我们都救出来了。”小献涛这样描述当时的情形。

小献涛的父亲阙发用说：“我们家住在四楼，当时房间里住着一家四口。刚发生火灾时，小献涛的妈妈叫醒了大家。小献涛提醒大家不要惊慌，还教我们如何应对。当时房门已烧着，小献涛和外婆趴在地上，伤势最轻。由于我和爱人没有趴在地上，吸入毒烟较多，还需住院几天。如果听儿子的也趴在地上等消防官兵来救，早就可以出院了。”阙发用回忆当时情景时有些自责。

面对肆虐的火魔，有人束手无策，有人沉着应对。火海中，11岁的小学生阙献涛带领全家成功脱险，令人欣慰。

以上事例说明发生火灾时，同学们一定要保持镇静，量力而行。火灾初起阶段，一般是很小的一个火点，燃烧面积不大，产生的热量不多。这时只要随手用沙土、干土、浸湿的毛巾、棉被、麻袋等去覆盖，就能使初起的火熄灭。如果火势较大，正在燃烧或可能蔓延，切勿试图扑救，应该立刻逃离火场，打119火警电话，通知消防队救火。

一、报火警

牢记火警电话119。报警时要讲清着火单位、所在区（县）、街道、胡同、门牌或乡村地区。说明什么东西着火，火势怎样。讲清报警人姓名、电话号码和住址。报警后要安排人到路口等候消防车，指引消防车去火场的道路。遇有火灾，不要围观。有的同学出于好奇，喜欢围观消防车，这既有碍于消防人员工作，也不利于同学们的安全。但不能乱打火警电话。假报火警是扰乱公共秩序、妨碍公共安全的违法行为。如发现有人假报火警，要加以制止。

二、灭火

（1）水。水是最常用和使用最方便的灭火剂。它通常以液态、雾态和气态形式使用和起作用，主要可降低火场的温度和隔绝空气。其消防设施有消火栓、雨淋、雨雾、水斗、喷雾器、水蒸气喷嘴和消防车等。但在以下几种情况下，不能用水灭火：

1）忌水物质，遇水放热的物质，如钾、钠、铝粉、电石等。这些物质能与水作用生成可燃气体，形成爆炸混合物。

2）铁水、钢水及灼热物体。能使水迅速蒸发引起强烈爆炸。

3）可燃易燃液体火灾。它使可燃液体浮于水面，扩大燃烧面积。

4）电气火灾。水能导电，易造成触电和短路事故。

5）精密仪器、贵重文物资料、档案的火灾。用水扑救，会使其毁掉。

（2）沙土、淋湿的棉被、麻袋能灭火，扫帚、拖把、衣服、锹、镐也可作为灭火工具。关键在于快，不要给火蔓延的机会。

三、意外火情下的自救方法

（1）火灾袭来时要迅速逃生，不要贪恋财物。

（2）家庭成员平时就要了解火灾逃生的基本方法，熟悉几条逃生路线。

（3）受到火势威胁时，要当机立断披上浸湿的衣物、被褥等向安全出口方向冲出去。

（4）炉灶附近不放置可燃易燃物品，炉灰完全熄灭后再倾倒，草垛要远离房屋。

（5）穿过浓烟逃生时，要尽量使身体贴近地面，并用湿毛巾捂住口鼻。

（6）身上着火，千万不要奔跑，可就地打滚或用厚重的衣物压灭火苗。

（7）遇火灾不要乘坐电梯，要向安全出口方向逃生。

（8）室外着火，门已发烫，千万不要开门，以防大火窜入室内，要用浸湿的被褥、衣物等堵塞门窗缝隙，并泼水降温。

（9）若所走逃生线路被大火封锁，要立即退回室内，用打手电筒、挥舞衣物、呼叫等方式向窗外发送求救信号，等待救援。

自救图解如图 3-1 所示。

图 3-1　意外火情下的自救方法

图 3-1 意外火情下的自救方法（续）

四、火场自救的方法

当被困在火场内，生命受到威胁时，在等待消防员救助的时间里，如果能够利用地形和身边的物体采取积极有效的自救措施，就可以让自己命运由“被动”转化为“主动”，为自己赢得更多的“生机”。火场逃生不能寄希望于“急中生智”，只有靠平时对消防常识的学习、掌握和储备，危难关头才能应对自如，从容逃离险境。

1. 高层建筑火灾的逃生方法

（1）低层跳离法。如果被围困在楼房的第二层，若无条件采取其他自救方法或短时间内得不到救助，在烟火威胁、万不得已的情况下，也可以跳楼逃生。但在跳楼之前，应先向地面扔些棉被、枕头、床垫、大衣等柔软物品，以便“软着陆”。然后再用手扒窗台，身体下垂，头上脚下，自然下滑，以缩小跳落高度，并使双脚首先落在柔软物上。如果被烟火围困在三层以上的楼房内，千万不要急于跳楼（距地面太高，往下跳时易造成重伤或死亡）。只要有一线生机，就不要冒险跳楼。

（2）通道疏散法。楼房着火时，应根据火势情况，优先选用最便捷、最安全的通道和疏散设施逃生，如疏散楼梯、消防电梯、室外疏散楼梯等。从浓烟弥漫的建筑物通道逃生时，可用湿衣服、湿床单、湿毛毯等将身体裹好，低势行进或匍匐爬行穿过险区。如无其他救生器材，可考虑利用临近建筑的阳台、平台、屋檐、树木、屋顶、避雷线等脱险。

（3）绳索滑行法。当各通道全部被浓烟烈火封锁时，可利用结实的绳子或将窗帘、床单、被褥等撕成条，拧成绳，用水浸湿，然后将其拴在牢固的暖气管道、窗框、床架上，被困人员逐个顺绳索沿墙缓慢滑到地面或下到下一个楼层而脱离险境，如图 3-2 所示。

图 3-2　绳索滑行法

（4）熟悉环境法。就是了解和熟悉所处建筑的消防安全环境。对经常工作或居住的建筑物，一定要制定较为详细的火灾逃生计划，进行逃生训练和实地演练。对确定的逃生出口、路线和方法，要让所有的工作人员、家庭成员熟悉、掌握。公众聚集场所要将逃生出口和路线绘制成安全疏散图，张贴在明显位置，以供大家平时熟悉。一旦发生火灾，则按逃生疏散预案顺利逃出火场。当我们外出，走进商场、宾馆、影剧院、歌舞厅等公共场所时，要留心看一看安全出口、灭火器的位置及火灾逃生示意图，如图 3-3 所示，以便遇到火灾能及时疏散和灭火。例如：1985 年 4 月 18 日深夜，哈尔滨市天鹅宾馆发生特大火灾，起火的楼层住着一位日本客人，他在 18 日住进 11 层客房时，先在门口观察了周围环境，了解了疏散出口的位置和周边情况。当夜里意识到失火后，便穿过烟雾弥漫的走廊直往疏散通道摸去，得以死里逃生。这就是日本客人熟悉所处环境的益处。

图 3-3　熟悉环境法

（5）迅速撤离法。火场逃生是争分夺秒的行动。听到火灾警报或意识到自己被烟火围困时，千万不要迟疑，要立即设法脱险，切不可贪恋财物延误逃生良机。在现实生活中，就有人已经逃离险境，又返回火场抢救财物，导致丧生火场的悲剧。一般地说，火灾初期，烟少、火小，只要迅速撤离，是能够安全逃生的。

（6）毛巾保护法。火灾中产生的一氧化碳在空气中的含量达到 1.28% 时，即可导致人在 1～3 分钟内窒息死亡。同时，燃烧中产生的热空气被人吸入，会严重灼伤呼吸系统的软组织，也会造成人员窒息死亡。许多火灾的受害者就是因有毒有害气体窒息而死。逃生者多数要经过充满浓烟的走廊楼梯间才能离开危险区域。逃生时，可把毛巾浸湿，叠起来捂住口鼻，无水时，干毛巾也行，身边没有毛巾，餐巾、口罩、帽子、衣服也可以替代（经过实验 8 层湿毛巾在 3－5 分钟可以过滤 60% 的一氧化碳气体）。穿越烟雾区时，即使感到呼吸困难，也不能将毛巾从口鼻上拿开，否则就会有危险，如图 3-4 所示。

图 3-4　毛巾保护法

（7）暂时避难法。在无路可逃生的情况下，应积极寻找暂时的避难处所，积极地争取时间，创造机会逃生。在设有避难间的建筑物内，可利用避难间，躲避烟火的危害。如果处在没有避难间的建筑里，被困人员要创造避难场所与烈火搏斗，求得生存。其方法是：关紧房间临近火势的门窗，关闭中央空调、打开背火面的门窗（但不要打碎玻璃，窗外有烟进来时，要赶紧把窗户关上）。如果门窗缝隙或其他孔洞有烟渗透进来时，要用毛巾、床单等物品堵住或挂上湿棉被、湿毛毯、湿麻袋等不燃、难燃物品，并不断地向迎火的门窗及遮挡物上洒水，最后淋湿房间内的一切可燃物，一直坚持到火灾的熄灭。另外，在被困时要主动与外界联系（还应注意应用防火门、防火卷帘门等防火分隔，启动通风和排烟系统创造生存环境）。如房间有电话、手机，要及时报警，如没有这些通讯设备，白天可用彩色醒目的旗子或衣物摇晃、呼救；夜间可摇晃点着的打火机、打开手电筒等向外报警求援，直到消防队来救助脱险或根据火势择机逃生。

（8）标志引导法。在公共场所的墙壁上、门顶上等醒目位置，一般都设置有“太平门”、“紧急出口”、“安全通道”、火警电话、逃生方向箭头、事故照明灯等消防标志和事故照明，被困人员看到这些标志时，马上就可以确定自己的方位，按照标志指示的方向有秩序地撤离逃生。

2. 公共汽车火灾的逃生方法

【案例链接】2009年6月5日上午8时02分，四川成都公交公司一辆车牌号为川A49567的9路公交车从天回镇行驶至北郊三环路川陕立交桥下桥处发生燃烧，造成27人遇难，76人受伤。这一惨痛的事件让很多市民都难以接受。

当发动机着火后，驾驶员应开启车门，让乘客从车门下车。然后，组织乘客用随车灭火器扑灭火焰。如果着火部位在汽车中间，驾驶员打开车门，让乘客从两头车门有秩序地下车。在扑救火灾时，有重点地保护驾驶室和油箱部位。如果火焰小但封住了车门，乘客们可用衣物蒙住头部，从车门冲下。如果车门线路被火烧坏，开启不了，乘客应砸开就近的车窗翻下车。火场的情况是千变万化的，逃生也要根据实际情况而行。了解了上述的方法，也不能说你在任何情况下都能保住自己的生命，但有一点是千万不能忘记的，那就是要时刻注意竻火，身边不发生火灾才是最安全的。

3. 列车火灾的逃生方法

列车火灾特点：容易造成人员伤亡；容易形成一条火龙；容易造成前后左右迅速蔓延；容易产生有毒气体。

（1）利用车厢前后门逃生。旅客列车每节车厢内都有一条长约20米、宽约80厘米的人行通道，车厢两头有通往相邻车厢的手动门或自动门，当某一节车厢内发生火灾时，这些通道是被困人员利用的主要逃生通道。火灾时，被困人员应尽快利用车厢两头的通道，有秩序地逃离火灾现场。

（2）利用车厢的窗户逃生。旅客列车车厢内的窗户一般为70×60厘米，装有双层玻璃。当起火车厢内的火势不大时，列车乘务人员应告诉乘客不要开启车厢门窗，以免大量的新鲜空气进入后，加速火势的扩大蔓延。当车厢内火势较大时，被困人员可用坚硬的物品将窗户玻璃砸破，尽量破窗逃生。

（3）疏散人员逃生。运行中的旅客列车发生火灾，列车乘务人员在引导被困人员通过各车厢互连通道逃离火场的同时，还应迅速扳下紧急制动闸，使列车停下来，并组织人力迅速将车门和车窗全部打开，帮助未逃离车厢的被困人员向外疏散。

（4）疏散车厢逃生。旅客列车在行驶途中或停车时发生火灾，威胁相邻车厢时，应采取摘钩的方法疏散未起火的车厢，具体方法如下：前部或中部车厢起火时，先停车摘掉起火车厢与后部未起火的车厢之间的连接挂钩，机车牵引向前行驶一段距离后再停下，摘掉起火车厢与前面车厢之间的挂钩，再将其他车厢牵引到安全地带；尾部车厢起火时，停车后先将起火车厢与未起火车厢之间连接的挂钩摘掉，然后用机车将未起火的车厢牵引到安全地带。采用摘挂钩的方法疏散车厢时，应选择在平坦的路段进行。对有可能发生溜车的路段，可用硬物塞垫车轮，防止溜车。

总之：我们在灾难面前首先要稳定自己的情绪，沉着、冷静地面对突如其来的险情，结合实际环境状况，积极创造生存的机会，选择有效、安全可靠的逃生方法，快速地脱离险境。

五、森林火灾的自救方法

在森林中一旦遭遇火灾，应当尽力保持镇静，就地取材，尽快做好自我防护，可以采取以下防护措施和逃生技能，以求安全迅速逃生。

（1）在森林火灾中对人体造成的伤害主要来自高温、浓烟和一氧化碳，容易造成中暑、烧伤、窒息和中毒，尤其是一氧化碳具有潜伏性，会降低人的精神敏锐性，中毒后不容易被察觉。

（2）在森林中遭遇火灾一定要注意风向的变化，因为这说明了大火的蔓延方向，这也决定了逃生的方向是否正确。实践表明现场刮起5级以上的大风，火灾就会失控。如果突然感觉到无风的时候更不能麻痹大意，这时往往意味着风向将会发生变化或者逆转，一旦逃避不及，容易造成伤亡。

（3）一旦发现自己身处森林着火区域，应使用沾湿的毛巾遮住口鼻，可以用水将身上衣物浸湿。要判明火势大小、火苗蔓延的方向，应当逆风逃生，切不可顺风逃生。

（4）如被大火包围在半山腰，应快速向山下跑，切忌往山上跑，因为火势向上蔓延速度远快于人类跑步速度。

（5）一旦大火扑来的时候，若躲避不及时，应选在附近没有可燃物的平地卧倒避烟，切不可选择低洼地或坑、洞，因为低洼地和坑、洞等容易沉积烟尘；若处在下风向时应果断迎风对火突破包围圈。如果时间允许，则可以点火烧掉自己周围的可燃物，当烧出一片空地后，迅速进入空地卧倒避烟。

（6）顺利地脱离火灾现场之后，仍需防止蚊虫或蛇、野兽、毒蜂等二次伤害。并相互查看同伴，发现遗漏者应及时向当地灭火救灾人员报告求援。

六、灭火的基本方法

1. 灭火的基本原理

通常情况下，物质燃烧必须同时具备三个必要条件：即可燃物、助燃物（主要指含氧气的空气、氧化剂等）和着火源。根据这些基本条件，一切灭火措施，都是为了破坏已经形成的燃烧条件，或终止燃烧的连锁反应而使火熄灭，或把火势控制在一定范围内，最大限度地减少火灾损失。这就是灭火的基本原理。

2. 灭火的基本方法

（1）隔离法：将着火的地方或物体与其周围的可燃物隔离或移开，燃烧就会因为缺少可燃物而停止。实际应用时，将靠近火源的可燃、易燃、助燃的物品搬走；把着火的物件移到安全的地方；关闭电源、可燃气体、液体管道阀门，终止和减少可燃物质进入燃烧区域；拆除与燃烧着火物相邻的易燃建筑物等。

（2）窒息法：阻止空气流入燃烧区或用不燃烧的物质冲淡空气，使燃烧物得不到足够的氧气而熄灭。实际运用时，用湿棉毯、湿棉被、湿毛巾被、黄沙、泡沫等不燃或难燃物质覆盖在燃烧物上；用水蒸气或二氧化碳等惰性气体灌注容器设备；封闭起火的建筑和设备门窗、孔洞等。

（3）冷却法：冷却法是灭火的主要方法，主要用水和二氧化碳来冷却降温。将灭火剂直接喷射到燃烧物上，以降低燃烧物的温度。当燃烧物的温度降低到该物的燃点以下时，燃烧就停止了，或者将灭火剂喷洒在火源附近的可燃烧物上，使其温度降低，防止因辐射热而起火。

（4）抑制法：通过化学作用，破坏燃烧的链式反应，使燃烧终止。这种方法是用含氟、溴的化学灭火剂（1211）喷向火焰，让灭火剂参与到燃烧反应中去，使游离基链锁（俗称“燃烧链”）反应中断，达到灭火目的。

以上方法可根据实际情况，一种或多种方法并用，以达到迅速灭火的目的。

七、正确选用灭火器

1. 灭火器的种类

灭火器是一种可由人力移动的轻便灭火器具。其种类繁多，适用范围也有所不同，只有正确选择灭火器的类型，才能有效地扑救不同种类的火灾，达到预期的效果。

灭火器的种类很多，按其移动方式可分为：手提式和推车式；按驱动灭火剂的动力来源可分为：储气瓶式、储压式、化学反应式；按所充装的灭火剂则又可分为：泡沫、干粉、卤代烷、二氧化碳、酸碱、清水等。

（1）泡沫灭火器。泡沫灭火器喷出的是一种体积较小、比重较轻的泡沫群，它的比重远远小于一般的易燃液体，可以漂浮在液体表面，使燃烧物与空气隔开，达到窒息灭火的目的。因此，它最适应于扑救液体火灾。因为泡沫有一定的粘性，能粘在固体表面，所以对扑救固体火灾也有一定的效果。使用泡沫灭火器时，首先要检查喷嘴是否被异物堵塞，如有，要用铁丝捅通，然后用手指捂住喷嘴将筒身上下颠倒几次，将喷嘴对着火点就会有泡沫喷出。应当注意的是不可将筒底、筒盖对着人体，以防止发生爆炸时伤人。

（2）干粉灭火器。干粉灭火器充装的灭火剂主要有两种：碳酸氢钠和磷酸铵盐灭火剂。是以二氧化碳为动力，将粉沫喷出扑救火灾的。由于筒内的干粉是一种细而轻的泡沫，所以能覆盖在燃烧的物体上，隔绝燃烧体与空气而达到灭火。因为干粉不导电，又无毒，无腐蚀作用，因而可用于扑救带电设备的火灾，也可用于扑救贵重物品、档案资料和易燃、可燃液（气）体的火灾。使用干粉灭火器时，首先要拆除铅封，拔掉安全销，手提灭火器喷射体，用力紧握压把启开阀门，储存在钢瓶内的干粉即从喷嘴猛力喷出。

（3）“1211”灭火器。“1211”灭火器是利用装在筒内的高压氮气将“1211”灭火剂喷出进行灭火的。它属于储压式的一种，是我国目前使用最广的一种卤代烷灭火器。“1211”灭火剂是一种低沸点的气体，具有毒性小，灭火效率高，久储不变质的特点，适应于扑救各种易燃可燃液体、气体、固体及带电设备的火灾。使用“1211”灭火器时，首先要拆除铅封，拔掉安全销，将喷嘴对准着火点，用力紧握压把启开阀门，使储压在钢瓶内的灭火剂从喷嘴处猛力喷出。

（4）二氧化碳灭火器。二氧化碳灭火器是利用其内部所充装的高压液态二氧化碳喷出灭火的。由于二氧化碳灭火剂具有绝缘性好，灭火后不留痕迹的特点，因此，适用于扑救贵重仪器和设备、图书资料、仪器仪表及600伏以下的带电设备的初起火灾。使用二氧化碳灭火器很简单，只要一手拿好喇叭筒对准火源，另一手打开开关即可。各种灭火器存放都要取拿方便。冬季要注意防冻保温，防止喷口的阻塞，真正做到有备无患。

（5）清水灭火器。清水灭火器中的灭火剂为清水。水在常温下具有较低的粘度、较高的热稳定性、较大的密度和较高的表面张力，是一种古老而又使用范围广泛的天然灭火剂，易于获取和储存，它主要依靠冷却和窒息作用进行灭火。因为每千克水自常温加热至沸点并完全蒸发汽化，可以吸收2593.4K的热量。因此，它利用自身吸收显热和潜热的能力冷却灭火作用，是其他灭火剂所无法比拟的。此外，水被汽化后形成的水蒸气为惰性气体，且体积将膨胀1700倍左右。在灭火时，由水汽化产生的水蒸气将占据燃烧区域的空间、稀释燃烧物周围的氧含量，阻碍新鲜空气进入燃烧区，使燃烧区内的氧浓度大大降低，从而达到窒息灭火的目的。当水呈喷淋雾状时，形成的水滴和雾滴比表面积大大增加，增强了水与火之间的热交换作用，从而强化了其冷却和窒息作用。另外，对一些易溶于水的可燃、易燃液体还可以起稀释作用；采用强射流产生的水雾可使可燃、易燃液体产生乳化作用，使液体表面迅速冷却，可燃蒸气产生速度下降而达到灭火的目的。

2. 火灾类型与灭火器的选用

通常用于扑灭初起火灾的灭火器，类型较多，使用时必须针对火灾燃烧物质的性质，否则会适得其反，有时不但灭不了火，而且还会发生爆炸。由于各种灭火器材内装的灭火剂对不同火灾的灭火效果不同，所以必须熟练掌握灭火器在扑灭不同火灾时的灭火作用。

按照不同物质发生的火灾，火灾大体分为 A、B、C、D 四种类型：

（1）A 类火灾为固体可燃材料的火灾，包括木材、布料、纸张、橡胶以及塑料等。

（2）B 类火灾为易燃可燃液体、易燃气体和油脂类火灾。

（3）C 类火灾为带电电器设备火灾。

（4）D 类火灾为部分可燃金属，如镁、钠、钾及其合金等火灾。

一般灭火器都标有灭火类型和灭火等级的标牌。例如 A、B 等，使用者一看就能立即识别该灭火器适用于扑救哪一类火灾。目前常用的灭火器有各种规格的泡沫灭火器、干粉灭火器、二氧化碳灭火器和卤代烷灭火器等。泡沫灭火器一般能扑救 A、B 类火灾，当电器发生火灾时，电源被切断后，也可使用泡沫灭火器进行扑救。干粉灭火器和二氧化碳灭火器则适用于扑救 B、C 类火灾。可燃金属火灾则可使用扑救 D 类的干粉灭火器进行扑救。卤代烷灭火器主要用于扑救易燃液体、带电电器设备和精密仪器以及机房火灾，这种灭火器内装的灭火剂没有腐蚀性，灭火后不留痕迹，效果也较好。

一般手提式灭火器，内装的灭火剂的喷射灭火时间在一分钟之内，实际有效灭火时间仅有 10 至 20 秒钟，在实际使用过程中，必须掌握正确使用方法，否则不仅灭不了火，还会贻误了灭火时机。

必须指出的是，发生火灾后，使用灭火器及时地扑救初起火灾，是避免火灾蔓延、扩大和造成更大损失的有力措施。同时，一旦发现火警，也应立即向消防部门及时报警，万万不可指望灭火器扑灭火灾而不向消防队报警，因为灭火器的扑救面积和能力是有限的，只能适用于扑救初起的火灾。火灾发生后，一般蔓延都比较快，推迟了报警时间，贻误了灭火时机，势必会造成更大的损失。

八、灭火器的使用方法

灭火器是“把火灾消灭在萌芽状态”的有力工具。学会正确使用灭火器非常重要，中职学生应学习灭火器的使用方法、灭火技能，使灭火器不再成为“摆设”。

1. 灭火器的开启方法

（1）压把法。这是最常用的开启灭火器的方法。干粉灭火器、卤代烷灭火器和部分二氧化碳灭火器都使用这种方法开启。具体操作方法是：将这几种灭火器提到距火源适当距离后，让喷嘴对准最猛烈处（其中，干粉灭火器应上下颠倒几次，使筒内的干粉松动），然后拔去保险销，压下压把，灭火剂便会喷出灭火。

（2）拍击法。使用清水灭火器时，在距燃烧物 10 米处，将其直立放稳，摘下保险丝，用手掌拍击开启顶端的凸头，水流便会从喷嘴喷出。

（3）颠倒法。这是开启泡沫灭火器和硫酸灭火器的方法。使用泡沫灭火器时，在距起火点 10 米处，一只手抓住筒底上的底圈，将灭火器颠倒过来，泡沫即可喷出；使用硫酸灭火器时，在距起火点 10 米处，用手指压紧喷嘴，将灭火器颠倒过来上下摇动几下，然后松开手指，一只手提住提环，另一只手抓住底圈，灭火剂即可喷出。

（4）旋转法。这是开启干粉灭火器棒和部分二氧化碳灭火器的方法。使用干粉灭火器棒时，左手握住其中部，将喷口对准火焰根部，右手拔掉保险卡，顺时针方向旋转开启旋钮，打开贮气瓶，滞时 1 ~4 秒干粉便会在二氧化碳气体压力的作用下，从喷嘴喷射；当使用旋开式二氧化碳灭火器时，将灭火器提到距火源 5 米处，一只手握住喇叭形喷筒根部的手柄，把喷筒对准火焰，另一只手旋开手轮，二氧化碳就会喷出。这里要特别注意，干粉灭火棒是顺时针方向旋开，而二氧化碳灭火器则是逆时针方向旋开。

2. 灭火器的喷射方法

（1）连续喷射。常用的手提灭火器的喷射时间仅有 10 秒左右，推车式灭火器也仅有 30 余秒，为充分发挥其效能，一般应集中灭火器连续喷射。

（2）点射。各种灭火器中，除二氧化碳灭火器和泡沫灭火器外，大都可以用点射的方法清理零星余火，以节约灭火剂。在寒冷季节使用二氧化碳灭火器时，阀门（开关）开启后，不能时启时闭，以防止冻结堵塞。

（3）平射。这是大部分灭火器的喷射方法。如用干粉扑救地面油火时，要平射，左右摆动，由近及远，快速推进；使用 1211 灭火器时，将喷嘴对准火焰根部，向火源边缘左右摆动，并快速向前推进。

（4）侧射。使用二氧化碳灭火器时，因二氧化碳主要作用是隔绝空气，窒息灭火，所以喷筒要从侧面向火源上方往下喷射，喷射的方向要保持一定的角度，使二氧化碳能覆盖到火源。大量灭火试验证明，用这种灭火方法，效果很好，如果按照干粉、1211 灭火器的灭火方法，向前平推扫射，就很难达到较好的灭火效果。

第四节　常用消防安全标志

中国消防安全标志（国家标准，1993 年 3 月 1 日实施）用以表达特定的安全信息，标志由几何图形、图形符号和安全色组成，如图 3-5 所示。悬挂消防安全标志是为了能够引起人们对不安全因素的注意，预防发生事故。

图 3-5　常用消防安全标志

图 3-5 常用消防安全标志（续）

习 题

一、单项选择题

1. 下列（　　）物质是点火源？

A. 电火花　　B. 纸　　C. 空气

2. 以下对报警电话描述不正确的是（　　）。

A. 119 报警电话是免费的

B. 发生火灾时任何人都可以无偿拨打 119

C. 为了演练，平时可以拨打 119

3. 下列（　　）灭火剂是扑救精密仪器火灾的最佳选择。

A. 二氧化碳灭火剂　　B. 干粉灭火剂　　C. 泡沫灭火剂

4. 用灭火器灭火时，灭火器的喷射口应对准火焰的（　　）。

A. 上部　　B. 中部　　C. 根部

5. 下面（　　）火灾用水扑救会使火势扩大。

A. 油类　　B. 森林　　C. 家具

6. 身上着火后，下列哪种灭火方法是错误的（　　）。

A. 就地打滚

B. 用厚重衣物覆盖压灭火苗

C. 迎风快跑

7. 发现燃气泄漏，要速关阀门，打开门窗，不能（　　）。

A. 触动电器开关或拨打电话

B. 使用明火
C. A和B都正确
8. 发现液化石油气灶上的导气管有裂纹，应（　　）。
A. 用燃着的打火机查找漏气地方
B. 用燃着的火柴查找漏气地方
C. 把肥皂水涂在裂纹处，起泡处就是漏气的
9. 下列（　　）火灾不能用水扑灭?
A. 棉布、家具　　B. 金属钾、钠　　C. 木材、纸张
10. 电脑着火了，应（　　）。
A. 迅速往电脑上泼水灭火
B. 拔掉电源后用湿棉被盖住电脑
C. 马上拨打火警电话，请消防队来灭火
11. 燃烧是一种放热发光的（　　）反应。
A. 物理　　B. 化学　　C. 生物
12. 火灾初起阶段是扑救火灾（　　）的阶段。
A. 最不利　　B. 最有利　　C. 较不利
13. 采取适当的措施，使燃烧因缺乏或隔绝氧气而熄灭，这种方法称作（　　）。
A. 窒息灭火法　　B. 隔离灭火法　　C. 冷却灭火法
14. 用灭火器进行灭火的最佳位置是（　　）。
A. 下风位置　　B. 上风或侧风位置
C. 离起火点10米以外的位置　　D. 离起火点10米以内的位置
15. 检查液化石油气管道或阀门泄漏的正确方法是（　　）。
A. 用鼻子嗅　　B. 用火试
C. 用肥皂水涂抹　　D. 用试剂试
16. 燃放礼花时，以下（　　）行为是正确的。
A. 捂耳靠近点火
B. 在空旷处支撑牢固再点燃
C. 点着后注意观察
17. 据统计，火灾中死亡的人有80%以上属于（　　）。
A. 被火直接烧死　　B. 烟气窒息致死　　C. 跳楼或惊吓致死
18. 公共场所发生火灾时，该公共场所的现场工作人员应（　　）。
A. 迅速撤离　　B. 抢救贵重物品　　C. 组织引导在场群众疏散
19. 公共娱乐场所不允许设置在建筑内（　　）。
A. 一层　　B. 地下一层　　C. 地下二层
20. 当打开房门闻到燃气气味时，要迅速（　　），以防止引起火灾。
A. 打开燃气灶具查找漏气部位
B. 打开门窗通风
21. 烟头中心温度可达（　　），它超过了棉、麻、毛织物、纸张、家具等可燃物

的燃点，若乱扔烟头接触到这些可燃物，容易引起燃烧，甚至酿成火灾。

A. 100 ~ 200℃　　B. 200 ~ 300℃　　C. 700 ~ 800℃

二、简答题

1. 校园火灾主要由哪些因素所致？
2. 火灾发生时，该怎么办？
3. 如何正确使用灭火器？
4. 常见的消防安全标志由哪些？

第四章　食品安全

【案例链接】2003年我国工商系统共查处假冒伪劣食品案件16万多件，销毁伪劣食品5000多吨；质检系统共查处假冒伪劣违法案件8万余件，捣毁制假窝点412个；卫生系统共查处食品卫生案件65万件，吊销卫生许可证7435户次；公安机关共破获制售假劣食品、有毒有害食品犯罪案件450起，抓获犯罪嫌疑人630人。2004年，有关执法部门依法查处了阜阳劣质奶粉、广州散装假酒、龙口粉丝、四川泡菜等一批大案要案。

2004年12月27日卫生部通报：食用油不合格名单，金龙鱼、福临门被列其中。抽检结果显示：过氧化值指标不合格是造成植物油不合格的最主要原因，在抽检发现的52份不合格植物油中，有19份样品的过氧化值超标，占不合格样品总数的36.5%。不合格样品中有21.2%是因为酸价指标超标，这其中就包括"金龙鱼"大豆色拉油、"福临门"纯正大豆色拉油和"金象"大豆色拉油。

自1993年起，三鹿奶粉产销量连续15年实现全国第一。2007年，集团实现销售收入100.16亿元，同比增长15.3%。

国家卫生部2008年9月11日晚指出，近期甘肃等地报告多例婴幼儿泌尿系统结石病例——目前被称为"肾结石事件"。经调查发现，患儿多有食用三鹿集团生产的三鹿牌婴幼儿配方奶粉的历史，经调查，奶粉受到一种叫做"三聚氰胺"——在业界被称为"假蛋白"的化学品的污染。

三聚氰胺含氮量高达66.6%（含氮量越高意味着能冒充越多的蛋白质），白色无味，没有简单的检测方法（要采用"高效液相色谱"这种高科技去检测），是理想的蛋白质冒充物。三聚氰胺是一种重要的化工原料，广泛用于生产合成树脂、塑料、涂料等，三聚氰胺进入体内后似乎不能被代谢，而是从尿液中原样排出，但是，动物实验也表明，长期喂食三聚氰胺能出现以三聚氰胺为主要成分的肾结石、膀胱结石，并诱发膀胱癌。

食品是保证人体健康的三大要素之一，食物的营养成分是构成人体组织和免疫系统的基本物质。食物的好坏直接影响到每一个人的健康，随着现代工业革命的兴起，食物这一维系我们生命健康的物质，逐渐变得不安全起来。来自各方的污染，透过生产、加工、保存、包装等环节破坏了食品的安全性，危害了人类的健康。

第一节　食品安全常识

一、食品的定义

《食品工业基本术语》对"食品"的定义：可供人类食用或饮用的物质，包括加工食品、半成品和未加工食品，不包括烟草或只作药品用的物质。

《食品卫生法》对"食品"的法律定义：各种供人食用或者饮用的成品和原料以

及按照传统来讲既是食品又是药品的物品，但是不包括以治疗为目的的物品。食品一般包括天然食品和加工食品。天然食品是指在大自然中生长的、未经加工、可供人类食用的物品，如水果、蔬菜、谷物等。加工食品是指经过一定的工艺进行加工后生产出来的，以供人们食用或饮用为目的的制成品，如大米、小麦、果汁饮料等。

二、食品分类

食品工业发展迅速，其品种多、范围广，很难对其做出精确而概括全部的分类。目前，可用下述几种方法分类。

1. 按照营养特点分类

（1）谷类及薯类（米、面、土豆、红薯等）。
（2）动物性食物（羊肉、鸡、草鱼、鸭蛋、牛奶及其制品等）。
（3）豆类及其制品（黄豆、豆腐、豆制品等）。
（4）蔬菜水果类（包括植物的根、茎、叶、果实等，如胡萝卜、白菜、苹果等）。
（5）纯热能食物（色拉油、淀粉、食用糖、白酒等）。

2. 按照保藏方法分类

（1）罐头食品。
（2）脱水干制食品。
（3）冷冻食品或冻制食品。
（4）冷冻脱水食品。
（5）腌制食品。
（6）熏制食品。

3. 按照原料种类分类

果蔬制品、肉禽制品、水产制品、乳制品、粮食制品等。

4. 按照加工方法分类

焙烤制品、膨化食品、油炸食品等。

5. 按照食用人群分类

（1）婴幼儿食品。
（2）中小学生食品。
（3）孕妇、哺乳期妇女以及恢复产后生理功能等特点食品。
（4）适用于特殊人群需要的特殊营养食品，如运动员、宇航员食品，高温、高寒、辐射或矿井条件下工作人群的食品；高血压病患者适宜的低脂肪、低胆固醇食品；以维持、增进人体健康和各项功能为目的，适于各类人群的各种功能性食品。

三、食品标签

1. 食品标签定义

是指在食品包装容器上或附于食品包装容器上的一切附签、吊牌、文字、图形、符号说明物。标签的基本功能为：标志食品名称、配料表、净含量及固形物含量、厂名、批号、日期等。它是对食品质量特性、安全特性、食用、饮用说明的描述。

2. 看食品标签

（1）标签的内容是否齐全。所有食品生产者，都必须按照《食品标签通用标准》正确地标注各项内容。食品标签必须标示的内容有：食品名称、配料清单、净含量和沥干物、固形物、含量、制造者的名称和地址、生产日期或包装日期和保质期、产品标准号。

（2）标签是否完整。食品标签不得与包装容器分开。食品标签的一切内容，不得在流通环节中变得模糊甚至脱落，必须保证消费者购买和食用时醒目、易于辨认和识读。

（3）标签是否规范。食品标签上的语言、文字、图形、符号必须准确、科学，符合《预包装食品标签通则》要求。标签上必须标示的文字和数字的高度不得小于1.8毫米；食品标签的汉字必须是合格规范的汉字，不得使用不规范的简化字和淘汰的异体字；可以同时使用汉语拼音，也可以同时使用少数民族文字或外文，但必须与汉字有严密的对应关系，外文不得大于相应的汉字；净含量与食品名称必须标注在包装物或包装容器的同一视野范围，便于消费者识别和阅读。

（4）标签的内容是否真实。食品标签的所有内容，不得以错误的、容易引起误解或欺骗性的方式描述或介绍食品。“错误的”是指食品标签的设计者由于疏忽或知识的原因在标签上出现的差错，如将配料表误标成成分表。“引起误解的”是指食品标签的内容容易使消费者对食品的真实情况产生错误的联想，从而影响消费者的决策。如某厂生产的饼干根据其形状及颜色称为“多维杏子干”，消费者会误认为是杏干。因此，消费者应对标签的内容进行识别。

《食品卫生法》及其相关法律明确规定食品不得加入药品，不得宣传疗效，而一些产品标签上违法标注对某些疾病有预防或治疗作用，如返老还童、延年益寿、抗癌、治癌等虚假内容。还有的地下食品加工厂，食品标签上厂址标示不详，厂址只有“××省××地”或干脆只标注“××（国家）出品”。

3. 利用食品标签选购食品

（1）从食品标签上标明的食品名称区别食品的内涵和质量特征。

（2）从配料表或成分表上识别食品的内在质量及特殊效用。

（3）从净含量或固形物含量上识别食品的数量及价值。

（4）从生产日期和保质期上识别食品的新鲜程度。

(5) 利用标签的其他内容指导购买。

4. 食品保质期与保存期的区别

保质期（最佳食用期）是指在标签上规定的条件下，保持食品质量的期限。在此期限，食品完全适于销售，并符合标签上或产品标准中所规定的质量；超过此期限，在一定时间内食品仍然是可以食用的。

保存期（推荐的最终食用期）是指在标签上规定的条件下，食品可以食用的最终日期，超过此期限，产品质量可能发生变化，食品不再适于销售和食用。

千万不要购买超过保存期的预包装食品。过了保质期的食品未必不能吃，但过了保存期的食品就一定不能吃了！消费者购买食品时，要特别注意食品标签上的保质期或保存期。

四、食品添加剂

食品添加剂是指为改善食品品质和色、香、味，以及为防腐和加工工艺的需要而加入食品中的化学合成成分或天然物质。

食品添加剂可以起到提高食品质量和营养价值，改善食品感观性质，防止食品腐败变质，延长食品保藏期，便于食品加工和提高原料利用率等作用。可以说，所有的加工食品都含有食品添加剂，而且合理使用添加剂对人体健康以及食品都是有益无害的，在食品生产中只要按国家标准添加食品添加剂，消费者就可以放心食用。

一般来说，食品添加剂按其来源可分为天然的和化学合成的两大类。天然食品添加剂是指利用动植物或微生物的代谢产物等为原料，经提取所获得的天然物质；化学合成的食品添加剂是指采用化学手段，使元素或化合物通过氧化、还原、缩合、聚合、成盐等合成反应而得到的物质。目前使用的大多属于化学合成食品添加剂。

按用途，各国对食品添加剂的分类大同小异，差异主要是分类多少的不同。我国的《食品添加剂使用卫生标准》将其分为22类：防腐剂、抗氧化剂、发色剂、漂白剂、酸味剂、凝固剂、疏松剂、增稠剂、消泡剂、甜味剂、着色剂、乳化剂、品种改良剂、抗结剂、增味剂、酶制剂、发泡剂、保鲜剂、香料、营养强化剂以及其他添加剂。美国将食品添加剂分成16大类，日本分成30大类。

不仅方便面、罐头、火腿里含添加剂，我们吃的每样东西，包括一日三餐的主食和副食里面，几乎都含有添加剂。

面条加入添加剂后拉劲好，咬起来筋道，吃起来有味道。而乳化剂以其特有的表面活性作用广泛应用于方便面中，它能使面团中的水分均匀散发，并能提高面团的持水性，增强吸水力，有利于蒸煮时的成熟。

花生米、核桃仁这类食品油脂多，遇上高温天气，易变质，加入适量的抗氧化剂，可延迟油脂的氧化变质。火腿放久了易收缩，加入增稠剂、鲜味剂，咬上去又香又嫩。

日常生活中的样样食品都离不开添加剂。膨化食品里有色素、甜味剂、香味剂、鲜味剂、膨松剂、增稠剂等；月饼里有防腐剂、品质改良剂、甜味剂等，甚至连婴儿喝的奶粉里，也有牛黄酸、维生素、营养强化剂（氨基酸、微量元素）等。

当然，食品添加剂也可能危害健康。例如：过期的食品添加剂，和过期食品一样的有害或更甚；不纯的食品添加剂，如汞、铝等未清除；长期过量食用食品添加剂；使用已禁止使用的食品添加剂。因此，我们要认真了解食品添加剂的性能和作用，认真检查食品中添加剂的成分、使用量及有效期，尽量避免其对我们身体造成的损害，并充分利用食品添加剂的作用，为我们增添更多、更美味、更新鲜的食品，以丰富我们的餐桌。

五、正确看待食品防腐剂

食品防腐剂是抑制食品腐败的药剂。即对以腐败物质为代谢产物的微生物的生长具有持续的抑制作用。重要的是它能在不同情况下抑制最易发生的腐败作用，特别是在一般灭菌作用不充分时仍具有持续性的效果。

我国规定使用的防腐剂有苯甲酸、苯甲酸钠、山梨酸、山梨酸钾、丙酸钙等25种。

1. 食品防腐的必要性

生鲜食品放久，细胞组织离析，为微生物滋长创造了条件。食物被空气、光和热氧化，产生异味和过氧化物，有致癌作用。肉类被微生物污染，使蛋白质分解，产生有害物质腐胺、组氨、色氨等，是食物中毒的重要原因。食物未进行保鲜处理保存在冰箱中，仍会腐败变质，只是速度放慢而已。为防止微生物的侵袭，食品必须进行防腐处理，不过是除菌、灭菌、防菌、抑菌采用不同的手段而已。

2. 化学防腐剂的使用是安全的

全世界普遍采用的各种防腐剂中，仍以化学合成的苯甲酸钠、山梨酸钾、丙酸盐为主。我国规定的限量标准比国际标准还要严格的多。比如，苯甲酸钠在国际上的ADI值为0～5，相当于60千克成人的终身摄入无害剂量，每天为300毫克，而我国规定的饮料中为0.2克/每千克，即一个成年人每天喝一升饮料，苯甲酸钠为200毫克，比国际规定的还低。

3. 防腐剂认识的误区

至今社会存在着一种对食物防腐保鲜的错误看法。认为纯天然食物就不应添加任何防腐抗氧剂，其实市场上所有加工的食品，为了防止腐败变质，均经过了防腐处理，只是方法不同罢了。例如罐头食品经过高温杀菌、抽空密封保存，当然不需要加任何防腐剂；又如用糖腌制的蜜饯和盐腌制盐干菜，由于高浓度的糖和盐，使微生物细胞脱水，而不可能在这类食物上繁殖；牛奶经乳酸菌发酵生成的酸奶，含有防腐作用的乳酸和乳酸菌素，所以不需添加防腐剂，以上食品均不需再添加任何防腐剂，也不必在包装上去注明“本产品不含防腐剂”。有些消费者，每天喝着国际名牌可乐饮料，但可能不知道：全世界的可乐，均含有苯甲酸钠防腐剂！

六、无公害食品、绿色食品与有机食品的区别

1. 无公害食品、绿色食品与有机食品的定义

（1）无公害食品。指产地生态环境清洁，按照特定的技术操作规程生产，将有害物含量控制在规定标准内，并由授权部门审定批准，允许使用无公害标志的食品，无公害产品标志如图 4-1 所示。无公害食品注重产品的安全质量，其标准要求不是很高，涉及的内容也不是很多，适合我国当前的农业生产发展水平和国内消费者的需求，对于多数生产者来说，达到这一要求不是很难。

图 4-1　无公害产品标志

当代农产品生产需要由普通农产品发展到无公害农产品，再发展至绿色食品或有机食品，绿色食品跨接在无公害食品和有机食品之间，无公害食品是绿色食品发展的初级阶段，有机食品是质量更高的绿色食品。

（2）绿色食品。绿色食品概念是我们国家提出的，指遵循可持续发展原则，按照特定生产方式生产，经专门机构认证，许可使用绿色食品标志的无污染的安全、优质、营养类食品。由于与环境保护有关的事物国际上通常都冠之以“绿色”，为了更加突出这类食品出自良好生态环境，因此定名为绿色食品。

无污染、安全、优质、营养是绿色食品的特征。无污染是指在绿色食品生产、加工过程中，通过严密监测、控制，防范农药残留、放射性物质、重金属、有害细菌等对食品生产各个环节的污染，以确保绿色食品的洁净。绿色食品标志如图 4-2 所示。

（3）有机食品。有机食品是国际上普遍认同的叫法，这一名词是从英语 Organic Food 直译过来的，在其他语言中也有叫生态或生物食品的。这里所说的“有机”不是化学上的概念。国际有机农业运动联合会（IFOAM）给有机食品下的定义是：根据有机食品种植标准和生产加工技术规范而生产的、经过有机食品颁证组织认证并颁发证书的一切食品和农产品，有机食品标志如图 4-3 所示。国家环保局有机食品发展中心（OFDC）认证标准中有机食品的定义是：来自于有机农业生产体系，根据有机认证标准生产、加工、并经独立的有机食品认证机构认证的农产品及其加工品等。包括粮食、蔬菜、水果、奶制品、禽畜产品、蜂蜜、水产品、调料等。

图 4-2　绿色食品标志

图 4-3　有机食品标志

有机食品与无公害食品和绿色食品的最显著差别是，前者在其生产和加工过程中绝对禁止使用农药、化肥、除草剂、合成色素、激素等人工合成物质，后者则允许有限制地使用这些物质。因此，有机食品的生产要比其他食品难得多，需要建立全新的生产体系，采用相应的替代技术。

2. 有机食品、无公害食品与绿色食品的区别

除有机食品外，目前正在我国市场上推广的认证食品还有无公害食品和绿色食品，这些产品有什么区别呢？

据专家介绍，无公害食品是按照相应生产技术标准生产的、符合通用卫生标准并经有关部门认定的安全食品。严格来讲，无公害是食品的一种基本要求，普通食品都应达到这一要求。

绿色食品是我国农业部门推广的认证食品，分为A级和AA级两种。其中A级绿色食品生产中允许限量使用化学合成物质，AA级绿色食品则较为严格地要求在生产过程中不使用化学合成的肥料、农药、兽药、饲料添加剂、食品添加剂和其他有害于环境和健康的物质。从本质上讲，绿色食品是从普通食品向有机食品发展的一种过渡性产品。

有机食品是指以有机方式生产加工的、符合有关标准并通过专门认证机构认证的农副产品及其加工品，包括粮食、蔬菜、奶制品、禽畜产品、蜂蜜、水产品、调料等。有机食品与其他食品的区别主要有三个方面：

第一，有机食品在生产加工过程中绝对禁止使用农药、化肥、激素等人工合成物质，并且不允许使用基因工程技术；其他食品则允许有限使用这些物质，并且不禁止使用基因工程技术。如绿色食品对基因工程技术和辐射技术的使用就未作规定。

第二，有机食品在土地生产转型方面有严格规定。考虑到某些物质在环境中会残留相当一段时间，土地从生产其他食品到生产有机食品需要两到三年的转换期，而生产绿色食品和无公害食品则没有转换期的要求。

第三，有机食品在数量上进行严格控制，要求定地块、定产量，生产其他食品没有如此严格的要求。

七、食品质量安全（QS）

2009年6月1日《中华人民共和国食品安全法》正式实施。

QS是食品“质量安全”（Quality Safety）的英文缩写，带有“QS”标志的产品说明此产品经过强制性的检验合格，准许进入市场销售，如图4-4所示。这就是依托食品生产许可证制度的食品质量安全市场准入制度。具体来说，所有的食品生产企业必须经过强制性的检验合格，且在最小销售单元的食品包装上标注食品生产许可证编号，并加印食品质量安全市场准入标志（“QS”标志）后才能出厂销售。没有食品质量安全市场准入标志的，不得出厂销售。

图4-4　食品质量安全标志

1. QS与食品安全问题

食品质量安全的本意是指食品质量状况对食用者健康和安全的保证程度。食品的质量关系到消费者的身体健康和人身财产安全，必须符合国家法律、行政法规和强制性标准的要求，不能因食品原料、包装或生产加工、运输、储存过程中出现质量问题。食品质量安全市场准入制度就是为了保证食品的质量安全。具备规定条件的生产者才允许进行生产经营活动，具备规定条件的食品才允许生产销售。

2. 食品质量安全市场准入制度包括三项具体的制度

一是对食品生产企业实施生产许可证制度，具备生产条件能够保证食品质量安全并持有《食品生产许可证》的企业，准予生产，否则将不准生产食品。这从生产条件上保证了企业能生产出符合质量安全的食品。

二是对企业生产的食品实施强制检验制度，未经检验或检验不合格的食品不准出厂销售，对于不具备自检条件的生产企业强令实行委托检验，这有利于把住产品出厂质量关。

三是对实施生产许可证制度的产品实行市场准入标志制度，对检验合格的食品要加贴或加印“QS”标志，没有这个标志的食品不准进入市场销售。这样有利于群众和执法部门识别和监督。

3. 食品质量安全主要包括三方面的内容

（1）食品污染，当前各种化学物质的不断产生和应用，有害物质的种类和来源也越来越繁杂。这使食品中可能存在天然有害物、环境污染物、滥用食品添加剂及在加工、贮存、运输、烹调过程中产生的有害物质等。污染食品在食用时，可能引发消费者慢性中毒，甚至引起急性食物中毒。目前，畜禽肉品激素和兽药残留污染是食品污染主要问题。

（2）新技术带来的质量问题，如食品添加剂、生产配剂、介质辐射食品、转基因食品等。这些采用新技术生产的食品对人体会产生什么样的影响，还需要一个认识过程。

（3）滥用食品标识，一些不法商贩常常利用食品标签来欺骗消费者。不法商贩滥用食品标识主要手段有这样几个方面：

1）伪造食品标识，如伪造生产日期、冒用厂名厂址、冒用质量标志。

2）缺少警示说明。

3）虚假注册食品功能或成分，用虚夸的方法展示该食品不具有的功能或成分。

4）缺少中文标识，进口食品甚至某些国产食品，使用外文标识，让国人无法辨识。

第二节　科学饮食

进行科学饮食，中国医学科学院肿瘤研究所肿瘤医院教授、北京市抗癌协会理事会副理事长林培中，接受采访时对此表示赞同。他认为，90%以上的癌症是由外在环境因素引起的。这里的环境，有两方面的意思：一是指饮食，外界环境污染了饮食，人们食用后，从而导致发病；二是指大气污染，比如汽车尾气、工业污染等。

林教授认为，肿瘤的发生离不开环境，离不开饮食，合理健康的饮食结构对人体是非常有意义的。

一、现代快餐与维生素缺乏症

由于人们生活水平的显著提高，营养过剩变成了时髦病，伴随而来的糖尿病、高血压、心脑血管病成了现代人生命健康的常见病、多发病。

目前，值得我们注意的是新的营养不良症的不断出现，表现为以下几个方面：

一是维生素类摄入不足，特别是维生素C缺乏。

二是膳食中纤维素比重降低，增加了大肠癌、胆囊炎、结石症等的发病率。

三是社会以高糖、高脂肪、高蛋白为特征的营养素配比，属于新的营养不良，因为肥胖从本质上说是摄入营养素不平衡。

四是由于粗粮、蔬菜等摄入不足，导致矿物质微量元素缺乏。

特别是维生素缺乏症，多见于现代社会中生活节奏快、工作高度紧张的中青年人。他们当中许多人，早餐匆匆抓个馒头或两根油条了事，中餐则不是康师傅方便面就是麦当劳快餐，其中热量、脂肪勉强能够满足人体需要，但蛋白质和维生素则相对不足，尤其是后者几乎缺乏。如此下去极易引起维生素缺乏症，使机体内许多酶的代谢活性下降，免疫力低下，抗病能力差。而蔬菜、水果是人体维生素C、维生素B、维生素P和β-胡萝卜素的主要来源，在人体维生素A摄入不足时，其中的β-胡萝卜素还可以转化为维生素A。

我们知道，维生素C和维生素A是增强机体抵抗力的重要元素，维生素C不足，人体就会特别容易疲乏，导致坏血病、皮肤溃疡等。在人体中起着重要抗氧化作用、清除代谢所产生的有害氧自由基、延缓衰老的也是以β-胡萝卜素、维生素C、维生素E等为代表的维生素一族。它们还被证实在预防癌症、心血管疾病、白内障和促进儿童生长发育、减少感染性疾病方面起着决定性作用。

现代快餐食品中，最为缺少和贫乏的就是各种维生素、矿物质和微量元素。因此我们应该采取有效措施弥补这一缺陷，适当补充新鲜蔬菜、水果等。

我国传统的以谷物、蔬菜为主的高纤维、高碳水化合物、低脂肪的膳食结构是较为适合人体代谢需要的，在此基础上稍补充优质蛋白质即可。

发达国家居民由于经济收入高，大量食用各种水果和饮用果汁不成问题，在某种程度上可补充人体所需要的维生素C和β-胡萝卜素等。我国居民如果盲目仿效西方人食用“热狗”之类的快餐方便食品，又无法另外补充大量维生素，则极易导致维生素缺乏症。这是值得高度警惕和重视的。

所以，如果不是加班加点，不是时间特别紧张，最好还是远离快餐食品，更不能一日三餐以方便面、面包之类充饥了事，因为长此下去，迟早会危害身体健康的。

二、膳食指南

1. 多吃谷类，供给充足的能量

谷类是我国膳食中主要的能量和蛋白质来源，青少年能量需要多，每日约需 400 ~ 500 克，可因活动量的大小有所不同。

2. 保证鱼、肉、蛋、奶、豆类和蔬菜的摄入

这些物质含有丰富的蛋白质和钙。蛋白质是组成器官及调节生长发育和性成熟的各种激素的原料。蛋白质摄入不足会影响青少年生长发育。青少年每日摄入的蛋白质应有一半以上为优质蛋白质，为此膳食中应含有大豆类食物。钙是建造骨骼的重要成分，青少年正值生长旺盛时期，骨骼发育迅速，需要摄入充足的钙。

3. 参加体育活动，避免盲目节食

12 岁青春期开始，随之出现第二个生长高峰，身高每年可增加 5 ~ 7 厘米，个别可达到 10 ~ 12 厘米；体重年增长 4 ~ 5 千克，个别可达 8 ~ 10 千克。此时不但生长快，而且第二性征逐渐出现，加之活动量大，学习负担重实习训练多，对能量和营养素的需求都超过成年人，因此应当适当参加体育活动，避免盲目节食。

三、青春期节食害处多

一些女生进入青春期后，怕发胖，一味节食，甚至造成青春期厌食症。青春期是人体生长发育最旺盛的时期，营养缺乏所造成的危害极大。

节食会导致人体所需的热量不足。青春期人体代谢旺盛，活动量大，机体对营养的需要相对增多，既要满足生长发育的需要，又要保障每日学习、活动的需要。每日所需要的热量一般不能少于 12552 千焦，如果达不到这一标准，就会影响生长发育。总之，青春期的热量摄入应高于成年期的 25% ~ 50%。节食必然会导致蛋白质的摄入不足，造成负氮平衡，使生长发育迟缓，抵抗力下降，智力发育亦会受到影响，严重者会产生营养不良性水肿。女孩的青春期发育比男孩早，同时伴有明显的内分泌变化，蛋白质摄入不足所引起的不良后果将更为严重。

节食会导致各种维生素的摄入量不足。谷物中含有丰富的 B 族维生素，特别是维生素 B_2，缺乏时会发生口角炎、舌炎；蔬菜中含有大量维生素 C，缺乏时可导致坏血病；维生素 D 缺乏可导致骨骼代谢异常，身体长不高或骨骼变形；维生素 A 缺乏可出现夜盲症。

节食可造成各种无机盐类及微量元素的缺乏。钙、磷摄入不足或比例不当会直接影响骨骼发育；缺铁可导致贫血；缺锌可影响人体生长和性腺发育。

四、日常生活中怎样注意饮食卫生

日常生活中要注意饮食卫生，否则就会传染疾病，危害健康，“病从口入”这句话

讲的就是这个道理，要注意：

（1）养成吃东西以前要洗手的习惯。人的双手每天都接触各种各样的东西，会沾染病菌、病毒和寄生虫卵。吃东西前要认真用肥皂洗净双手，才能减少“病从口入”的可能。

（2）生吃瓜果要洗净。瓜果蔬菜在生长过程中不仅会沾染病菌、病毒、寄生虫卵，还有残留的农药、杀虫剂等，如果不清洗干净，不仅可能染上疾病，还可能造成农药中毒。

（3）不随便吃野菜、野果。野菜、野果的种类很多，其中有的含有对人体有害的毒素，缺乏经验的人很难辨认清楚，只有不随便吃，才能避免中毒，确保安全。

（4）不吃腐烂变质的食物。食物腐烂变质，味道就会变酸、变苦、散发出异味儿，这是因为细菌大量繁殖引起的，吃了这些就会造成食物中毒。

（5）不随意购买、使用街头小摊贩出售的劣质食品、饮料。这些劣质食品、饮料往往质量不合格，会危害人体健康。

（6）不喝生水。水是否干净，仅凭肉眼很难分清，清澈透明的水也可能含有病菌、病毒，喝开水最安全。

第三节　食品污染

【案例链接】苏丹红事件

苏丹红是一种人工合成的红色染料，常作为一种工业染料，被广泛用于如溶剂、油、蜡、汽油的增色以及鞋、地板等增光方面。苏丹红在食品中非天然存在，如果食品中的苏丹红含量较高，达上千毫克，则苏丹红诱发动物肿瘤的机会就会上百倍增加，特别是由于苏丹红有些代谢产物是人类可能致癌物，因此在食品中应禁用。

在1995年，苏丹红就被确认为致癌物，欧盟和其他一些国家已开始禁止在食品中添加该染色剂。我国也是禁用。

2005年2月18日英国食品标准局紧急责令各大超市和商店下架召回亨氏、联合利华在内的359个品牌食品（近日又扩大为618个品牌），其中被怀疑含有致癌色素“苏丹红一号”。

2月23日国家质检总局发出紧急通知，要求各地质检部门加强对含有苏丹红一号食品的检验监管，严防进入中国市场。

3月2日、3日北京检测发现，亨氏美味源（广州）食品有限公司批次为“2003年7月7日”的“美味源”牌金唛桂林辣椒酱2样本检出“苏丹红一号”，残留量为0.6毫克/千克。质检总局责令亨氏停止生产所有辣椒制品。

3月10日湖南省工商局发出紧急通知，称发现长沙“坛坛乡”调料食品有限公司生产的“坛坛乡”牌风味辣椒萝卜含有“苏丹红四号”，北京、上海家乐福超市主动下架。

3月16日傍晚肯德基所属的百胜餐饮集团宣布，肯德基新奥尔良烤翅和新奥尔良烤鸡腿堡调料被发现含有苏丹红一号成分，国内所有肯德基餐厅停止售卖，同时销毁所有剩余调料。

一、食品污染及食品污染的分类

食品是构成人类生命和健康的三大要素之一。食品一旦受污染，就会危害人类的健康。食品污染是指人们吃的各种食品（如粮食、水果等）在生产、运输、包装、贮存、销售、烹调过程中，混进了有害有毒物质或者病菌。

食品污染是食品及其原料在生产和加工过程中因农药、废水、污水各种食品添加剂及病虫害和家畜疫病所引起的污染，以及霉菌毒素引起的食品霉变，运输、包装材料中有毒物质和多氯联苯、苯并芘所造成的污染的总称。

食品污染的分类，可分为生物性污染、化学性污染和放射性污染。

生物性污染主要指病原体的污染。细菌、霉菌以及寄生虫卵侵染蔬菜、肉类等食物后，都会造成食品污染。在受潮霉变的食物上，能生长一种真菌——黄曲霉。黄曲霉能产生一种剧毒物质——黄曲霉毒素，这是一种强烈的致癌物质。霉菌毒素的污染，可能是世界上某些湿热地区肝癌高发的重要原因。

化学性污染是指有害化学物质的污染。在农田、果园中大量使用化学农药，是造成粮食、蔬菜、果品化学性污染的主要原因。这些污染物还可以随着雨水进入水体，然后进入鱼虾体内。我国某些湖泊受到农药污染后，不少鱼的身体变形，烹调后药味浓重，被称为“药水鱼”。这些“药水鱼”曾造成数百人中毒。有些农民在马路上晾晒粮食，容易使粮食沾染沥青中的挥发物，从而对人体健康产生不利影响。

放射性污染：食品中的放射性物质有来自地壳中的放射性物质；也有来自核武器试验或和平利用放射能所产生的放射性物质，即人为的放射性污染。某些鱼类能富集金属同位素，如137铯和90锶等。后者半衰期较长，多富集于骨组织中，而且不易排出，对机体的造血器官有一定的影响。某些海产动物，如软体动物能富集90锶，牡蛎能富集大量65锌，某些鱼类能富集55铁。

二、污染的食品对人体的危害

有害物质对食品的污染种类繁多，性质各异，污染的方式和程度也是多种多样的。对食品污染的有害物质因种类和数量不同，对人体所造成的危害也有很大的不同，概括起来有下列几种情况：

（1）急性中毒：食品被大量的微生物及其产生的毒素或化学性物质污染，进入人体后可引起急性中毒。

（2）慢性中毒：食物被某些有害物质污染，其含量虽少，但如果长期连续的通过食物进入人体，可引起机体的慢性中毒。

（3）致突变作用：食品中的某些污染物能引起生殖细胞和体细胞的突变，不论其突变的性质如何，一般都是这些污染物毒性的一种表现。

（4）致畸作用：某些食品污染物，在动物胚胎的细胞分化和器官形成过程中，可使胚胎发育异常。

（5）致癌作用：目前具有或怀疑有致癌作用的物质约为数百种，常见污染食品的为数不少，如多环芳烃、芳香胺类、氧胺类、亚硝胺化合物、黄曲霉毒素，天然致癌物以及砷、镉、镍、铅等。

三、家庭防范食品污染的措施

（1）要购买没有污染、杂质，没有变色、变味，符合卫生标准的食物，不买已经被污染的食物。

（2）生鱼生肉应在低温下保存，买回后若超过两小时才烹调，也宜先放入冰箱，不要图省事。

（3）要买消毒牛奶，不食用未经加工的牛奶。

（4）易腐败的食品要随买随加工，加工过的食品最好马上吃掉。食物在室温下存放的时间越长，危险性越大。

（5）做饭前要把手洗干净，中间转而做另一种食品时最好也要洗手。

（6）菜刀、菜板用前都应清洗干净，要先切熟食，后切生品。

（7）尽量用封闭的容器装食物。

（8）当准备食用已存放了一段时间的食物时，要将食物再次加热到100℃以上。

（9）饮用洁净的水，把水烧开了再喝。

（10）及时将厨房里的垃圾清除、扔掉。

第四节　食 物 中 毒

【案例链接】贵州省2006年共发生食物中毒154起，中毒2250人，死亡33人。从发生场所分析，发生在家庭中的食物中毒最多。据贵州省食品安全协调委员会介绍，今年发生在家庭中的食物中毒共79起，其他场所食物中毒依次为集体食堂32起，其他场所15起，饮食服务单位15起，食品摊贩13起。

国家卫生部2007年8月发布的第二季度食物中毒情况通报说，通过中国疾病预防控制中心网络直报系统收到全国食物中毒事件报告151起，中毒3503人，死亡70人。专家分析称，该季度微生物性食物中毒的报告起数和中毒人数增幅较大，主要是受季节原因影响，各地气温上升，食物因储存、加工、食用不当，引发微生物性食物中毒。卫生部指出，第三季度一般是中国内地食物中毒报告起数、中毒人数、死亡人数最多的季度，部分地区处于高温酷暑中，还可能出现洪涝、干旱等灾害，极易发生食物中毒和饮用水污染。

一、食物中毒

食物中毒是指食用了被生物性、化学性有毒有害物质污染的食品或者把含有毒有害物质当作食物摄入后出现的急性、亚急性食源性疾患。

食物中毒分为：细菌性食物中毒、真菌毒素中毒、化学性食物中毒、动植物性食物中毒、化学性食物中毒。

1. 细菌性食物中毒

是指人们摄入含有细菌或细菌毒素的食品而引起的食物中毒。细菌性食物中毒的发生与不同区域人群的饮食习惯有密切关系。美国多食肉、蛋和糕点，葡萄球菌食物中毒最多；日本喜食生鱼片，副溶血性弧菌食物中毒最多；我国食用畜禽肉、禽蛋类较多，多年来一直以沙门氏菌食物中毒居首位。

2. 真菌毒素中毒

真菌在谷物或其他食品中生长繁殖产生有毒的代谢产物，人和动物食入这种毒性物质发生的中毒，称为真菌性食物中毒。发生中毒主要通过被真菌污染的食品，用一般的烹调方法加热处理不能破坏食品中的真菌毒素。真菌生长繁殖及产生毒素需要一定的温度和湿度，因此中毒往往有比较明显的季节性和地区性。

3. 动物性食物中毒

食入动物性中毒食品引起的食物中毒即为动物性食物中毒。动物性中毒食品主要有两种：将天然含有有毒成分的动物或动物的某一部分当作食品；在一定条件下产生了大量的有毒成分的可食的动物性食品。近年，我国发生的动物性食物中毒主要是河豚鱼中毒，其次是鱼胆中毒。

4. 植物性食物中毒

一般因误食有毒植物或有毒的植物种子，或烹调加工方法不当，没有把植物中的有毒物质去掉而引起。最常见的植物性食物中毒为扁豆中毒、毒蘑菇中毒，可引起死亡的有毒蘑菇、马铃薯、曼陀罗、银杏、苦杏仁、桐油等。植物性中毒多数没有特效疗法，对一些能引起死亡的严重中毒，尽早排除毒物对中毒者的预后非常重要。

5. 化学性食物中毒

食入化学性中毒食品引起的食物中毒即为化学性食物中毒。化学性食物中毒发病特点是：发病与进食时间、食用量有关。一般进食后不久发病，常有群体性，病人有相同的临床表现。剩余食品、呕吐物、血和尿等样品中可测出有关化学毒物。在处理化学性食物中毒时应突出一个“快”字！及时处理不但对挽救病人生命十分重要，同时对控制事态发展，特别是群体中毒有重要意义。

食物中毒的特点是：

（1）中毒者在相近时间内均食用过某种相同的可疑有毒食物，未食用者不发生中毒，停止食用该食物后，发病很快停止。

（2）潜伏期较短，发病急剧，病程亦较短。

（3）一般无人与人之间的直接传染。

（4）所有中毒者的临床表现基本相似，一般表现为急性胃肠炎症状，如腹痛、腹泻、呕吐等。

容易引起食物中毒的食物：

（1）容易被细菌污染的食物：肉、鱼、蛋、乳等及其制品，如烧、卤肉类、凉菜、剩余饭菜等。

（2）被有毒有害化学物质污染的食物：被农药污染的蔬菜、水果；受有毒藻类污染的海产贝类等。

【案例链接】2004年6月13日，湖北荆州市沙市区岑河镇新河村褚仲明及妻子、儿子，吃过晚餐（炒黄瓜、炒土豆，用电饭煲热过的中午剩饭）后2小时三人相继发生恶心、神志不清。反复发作三次，每次5分钟左右，其后神志转清，三人均无伴腹泻、腹痛症状，褚妻病情稍轻。

在现场调查中，细心的调查人员发现其农药、喷雾器紧靠砧板，取下砧板，嗅到砧板上有农药味，于是取样，发现砧板上含有有机磷。从而推断认为："有机磷食物中毒"，且是在砧板上切菜时蔬菜被污染所致。

褚家卫生环境较差，农药及喷洒工具随处存放，与切菜砧板存放一起。饮水的水缸露天存放。而事件发生后，自行处理剩菜及调料、饮水，失去调查线索。

（3）本身含有天然有毒成分的食品：河豚鱼、毒蘑菇、腐烂变质的青皮红肉的鱼类如金枪鱼、青鱼、池鱼等。

（4）在某一特定环境下能产生有毒物质的食品：发芽的马铃薯、霉变的甘蔗、未加热煮透的豆浆、四季豆、杏仁、木薯、鲜黄花菜等。

二、怎样预防食物中毒

（1）保持厨房环境和餐具的清洁卫生。

（2）选择新鲜、安全的食品和食品原料。切勿购买和食用腐败变质、过期和来源不明的食品，切勿食用发芽马铃薯、野生蘑菇、河豚鱼等含有或可能含有有毒有害物质的原料加工制作的食品。

（3）蔬菜按一洗二浸三烫四炒的顺序操作处理。

（4）肉及家禽在冷冻之前按食用量分切，烹调前充分解冻。

（5）彻底加热食品，特别是肉、奶、蛋及其制品，四季豆、豆浆等应烧熟煮透。

（6）烹调后的食品应在2小时内食用。

（7）妥善贮存食品。食品贮存密封容器内，生、熟食品分开存放，新鲜食物和剩余食物不要混放。提前做好的食品和需要保存的剩余食品存放在高于60℃或低于10℃的条件下。

（8）经冷藏保存的熟食和剩余食品及外购的熟肉制品食用前应彻底加热。食物中心温度须达到70℃，并至少维持2分钟。

（9）不光顾无证无照的流动摊档和卫生条件差的饮食店。

（10）养成良好的个人卫生习惯。勤洗手、不吃生食、不喝生水。

三、食物中毒的处理

（1）立即停止供应、食用可疑中毒食物。

（2）采用指压咽部等紧急催吐办法尽快排出毒物，如图4-5所示。

（3）尽快将病人送附近医院救治。

（4）马上向所在地的卫生监督所或防保所、疾病预防控制中心报告。同时注意保护好中毒现场，就地收集和封存一切可疑食品及其原料，禁止转移、销毁。

（5）配合卫生部门调查，落实卫生部门要求采取的各项措施。

图4-5　指压咽部催吐

习　题

选择题

1. 消费者在消费食品过程中其合法权益受到侵害时，可以拨打“（　　）”全国消费者申诉举报统一电话。

A. 315　　B. 12348　　C. 12315　　D. 99148

2. 在下列产品的标识上，哪种产品必须注明生产日期和安全使用期或失效日期（　　）。

A. 床头灯　　B. 火腿肠　　C. 安全帽　　D. 油漆

3. 下列哪种疾病是由于缺乏钙引起的（　　）。

A. 过敏症状　　B. 佝偻病　　C. 神经炎　　D. 自闭症

4. 食品污染包括（　　）。

A. 生物性污染　　B. 化学污染　　C. 土壤污染　　D. 物理污染

5. 乳制品包括（　　）。

A. 液体乳　　B. 乳粉　　C. 氮酸饮料

6. 经营者销售的食品质量不合格，侵犯了消费者的权益，其应承担的责任包括（　　）。

A. 刑事责任　　B. 行政责任

C. 民事责任　　D. 以上全部责任

7. 目前食品中常见的食品添加剂主要有哪些类别（　　）。

A. 防腐剂　　B. 食用色素　　C. 合成甜味剂　　D. 食用香料

8. 贮存食用油“四怕”是指（　　）。

A. 怕阳光　　B. 怕高温　　C. 怕不密封　　D. 怕进水

9. 世界卫生组织评选公布的垃圾食品除油炸食品、腌制食品外，还有那些食品（　　）。

A. 方便食品　　B. 烧烤食品　　C. 罐头食品

10. 从业人员个人卫生“四勤”指（　　）。

A. 指勤洗手剪指甲　　B. 勤洗澡理发

C. 勤洗衣服被褥　　D. 勤换工作服

11. 除患有消化道传染病（包括病原携带者）活动性肺结核、化脓性或者渗出性皮肤病以外的人员，还有患（　　）传染性疾病的人员，不得参加接触直接入口食品的工作。

A. 痢疾　　B. 伤寒　　C. 病毒性肝炎

12. 安全食品包括（　　）。

A. 有机食品　　B. 绿色食品　　C. 无公害食品

13. 要让孩子认识到食品安全的重要性，让他们掌握一些食品安全知识。下列安全知识中说法正确的是（　　）。

A. 养成良好的卫生习惯，经常剪指甲、饭前便后及时洗手，预防传染病的传播

B. 生吃的瓜果和蔬菜要洗净

C. 选择包装食品时，要注意识别食品的生产日期和保质期等

D. 尽量少吃时间过长的剩饭、剩菜。如果吃剩饭、剩菜，一定要彻底的加热，防止细菌性食物中毒

第五章　户外运动安全

在这个呼唤健康的时代，户外运动已经融入了我们的生活，越来越多的人加入其中，一个时尚的运动方式在慢慢形成。

户外运动主要包括旅游、登山、徒手攀岩、野外露营、蹦极、速降、漂流溯溪等。这种回归大自然、远离城市喧嚣的生活方式是一种在寻找快乐的同时征服自我、时尚的运动。

当然，大自然在带给我们快乐和健康的同时，也充满各种各样的危险和不确定因素。因此，必须注意出行安全。安全是登山等户外运动的前提。户外运动绝不是冒险和探险，没有安全保障的项目是绝对不能做的，没有安全把握的路径是绝对不能涉足的。

第一节　登山安全

（1）平时应多进行体能及技能训练，并阅读专业书籍和杂志，随时培养野外知识。出发前应先做健康检查，尤其是平时很少运动的同学，更需认真检查。

（2）登山时应有完整的装备及充足的粮食。上山时要备足开水、饮料和必要的药品，以应急需。上山要轻装，少带行李，以免过多消耗体力，影响登山。如果要在山上过夜的话，由于山上夜晚和清晨气温较低，上山要带厚一点的衣服。

（3）山区气候变化很大，时晴时雨，反复无常。登山时要带雨衣，下雨风大，不宜打伞。

（4）登山以穿登山鞋、布鞋、球鞋为宜，穿皮鞋和塑料底鞋容易滑跌，为安全考虑，登山时可买一根竹棍或手杖。

（5）活动前或进入山区后，应随时注意气象变化。从上山到下山，均需随时向留守人员、途中警察机关或家人报告行踪。对于每一座山峰，都不可掉以轻心。

（6）游山时应结伴而行，相互照顾，不要只身攀高登险。

（7）雷雨时不要攀登高峰，不要手扶铁质栏杆，亦不宜在树下避雨，以防雷击。

（8）登山期间，可多休息，但休息的时间不宜过长，以免着凉。喝水时不可狂饮，否则汗量会增加，更容易造成身体疲劳，此外，进行中应随时调整步伐及呼吸，不可忽快忽慢。

（9）登山时身略前俯，可走“之”字形。这样既省力，又轻松。

（10）切勿让身体及衣物受潮，以免体温散失。在面临危机、疲劳等压力时，维持体温是首要之务。

（11）切忌在无路的溪谷中溯溪攀登，亦不可在深山无明显路径时沿溪下山。因为高山溪流的地形由缓渐陡，对于登山技能不足、地势情况不清楚的登山者，容易失足跌落，因此，登山时最好能沿途标示记号，或依循前人所留下的旗帜辨别方向。

（12）山中不知深浅的水潭千万不要下去游泳，即使夏日，泉水也会很凉，发生险情的可能性比较大。迷路时应折回原路，或寻找避难处静待救援，以减少体力的消耗。

（13）在高峻危险的山峰照相时，摄影者选好角度后就不要移动，特别注意不要后退，以防不测。

（14）在山林中活动时，切勿乱丢烟蒂，离去时应将营火彻底熄灭。

第二节 游泳安全

游泳是中职生们喜爱的运动，如果没有足够的安全防范意识，常常会发生溺水事件。为此，同学们要注意以下几点：

一、游泳安全要点

学游泳一定要在游泳池里的浅水区，并且要有识水性的人陪同。学会游泳之后，没有人带领也不能在江、河、湖、海或在池塘里游泳。即使在有些地方游泳，下水之前也要观察地形情况，遇到水中有暗流、漩涡、乱石、水草或淤泥等，要赶紧离开，以免陷在淤泥里，卡在暗礁中会被水草缠住不能脱身。在不明水下情况的地方绝对不能跳水。游泳时要注意安全，在近水的地方玩耍也得小心。在沙滩或沙岩上停留时，要观察周围的情况，有些沙滩一眼看上去是实的，但是其实下面有裂缝或底层是空的，如果人在上面动作太大，就会出现沙崩，将人埋在下面。在海滨玩耍时，要注意潮涨潮落的规律，涨潮时要迅速离开海边，免得被潮水卷走。

下水时不要空肚子或吃得太饱。饭后一小时才能下水，以免抽筋；下水前应试水温，若水太冷，就不要下水；下水前观察游泳处的环境，若有危险警告，则不能在此游泳；外出旅游时不要在地理环境不清楚的峡谷游泳。这些地方的水深浅不一，而且温度差别大，水中可能有伤人的障碍物，很不安全。游泳时不要跳水。

入水前一定要做伸臂、弯腰、压腿、转身等简单的热身运动，使全身的关节、肌肉、内脏器官以及神经系统进入活跃状态。入水前要先用池水淋头部、胸腹、四肢等部位，尤其是头部，不要猛然扎入水中，否则很可能会头痛。

一次游泳时间不宜过长，要量力而行，注意休息。过度疲劳容易造成脑缺血，引发头晕、脑胀等问题。

二、如何预防游泳时下肢抽筋

游泳前一定要做好暖身运动。游泳前应考虑身体状况，太饱、太饿或过度疲劳时，不要游泳。游泳前先在四肢上洒些水，然后再跳入水中，不要立刻跳入水中。游泳时如胸痛，可用力压胸口，等到稍好时再上岸。腹部疼痛时，应上岸，然后喝一些热的饮料或热汤，以保持身体温暖。

三、溺水自救方法

对水情不熟悉而贸然下水，极易造成生命危险。万一不幸遇上了溺水事件，溺水者切莫慌张，应保持镇静，积极自救。

对于手脚抽筋者，若是手指抽筋，则可将手握拳，然后用力张开，迅速反复多做几次，直到抽筋消除为止；若是小腿或脚趾抽筋，先吸一口气仰浮水上，用抽筋肢体对侧的手握住抽筋肢体的脚趾，并用力向身体方向拉，同时用同侧的手掌压在抽筋肢体的膝盖上，帮助抽筋的腿伸直；要是大腿抽筋的话，可通用采用拉长抽筋肌肉的办法解决。

四、怎样抢救溺水者

救人者下水前尽量脱去外衣，下水后应从落水者背后接近救护，或扔下救生圈、木板等漂浮物相助。如救出后溺水者已失去知觉，应以最快的速度进行抢救。抢救时，第一，使其头偏向一侧，并立即撬开口，清除口鼻内泥沙等污物，将舌头拉出口外，保持呼吸通畅。第二，救护者半跪姿势将溺水者俯卧，将其腹部横放在膝盖上，轻压其背部；或取站立位，用双手抱溺水者腹部，使其胃和气管内的水排出；或将其腹部放在急救者肩上扛着快步奔跑，使其积水倒出（切忌因倒水过久，而忽视人工呼吸和胸外心脏按压）。如其呼吸停止，应及时进行胸外心脏按压与人工呼吸，同时进行按压或用针刺激其人中、十宣等穴位。如果抢救无效应及时请医务人员进行具体的抢救。自动呼吸恢复后，可活动、按摩四肢（向心性按摩），促进其血液循环，也可喂些热茶、姜糖水、热酒等。

第三节 滑冰（雪）安全

一、滑冰注意事项

（1）滑冰时的着装：滑冰时的着装应具有弹性以便于运动，初学者往往穿得过多过厚，这样往往妨碍了运动。其实，滑冰也是一种比较消耗体力的运动，所以你根本不用担心站在冰面上会冷。此外，滑冰的时候身上不要带硬器，如钥匙、小刀、手机等，以免摔倒时硌伤自己。

（2）上冰前要佩戴护肘、护膝、手套、头盔等防护用具，夏季应穿着长裤。

（3）上冰前应检查冰鞋是否穿着正确并系好鞋带。初学滑冰的人穿冰鞋时，前两、三个扣眼的鞋带可系得稍微松一点儿，后面鞋带要系紧，脚腕在鞋里不晃动，才好向两侧倾斜使劲蹬冰。

（4）滑冰者上冰前应做热身运动，使身体充分伸展。

（5）滑冰者滑冰时身上应避免带尖锐物品，以免摔倒后划伤。

（6）应具备正确的站立姿势。两脚略分开约与肩同宽，两脚尖稍向外转形成小“八”字，两腿稍弯曲，上体稍向前倾，目视前方。身体重心要通过两脚平稳地压到刀刃上，踝关节不应向内或向外倒。

（7）上冰后尽量保持身体平衡，始终沿逆时针方向滑行，不要高速滑行，不要追逐打闹。如果具备条件，可以请教练进行指导。每次练习时，应每隔10～15分钟休息2～3分钟；当身体疲劳时应脱掉冰鞋，放松小腿和腿部肌肉；初次上冰后出现两腿肌肉紧张和酸痛现象，属于正常，几次练习后，这种感觉会自然消失。专家特别强调，“滑行时要俯身、弯腰、重心向前，就是滑倒了，也要往前摔，这样就摔不着尾骨。必须有一副线手套，免得摔倒后让后面的人的冰刀划伤手。”

（8）如果在江河湖面上滑冰，一定要注意冰的厚度及承受能力，以防踏破冰面，掉入水中，速滑时，还要注意观察前面有无窟窿，以防落入水中。

（9）滑冰时，万一落入水中，应当把身体尽量平衡起来，先将脚搭到冰面上，一手按住冰面，另一只手猛推冰缘，身体借势向上翻滚，一般不会压塌冰缘从而顺利脱险。

二、滑雪注意事项

（1）掌握滑雪场的场地情况和气候情况。一般说来，正规的滑雪场内的雪道上都有道标，不同颜色和形状的道标代表不同级别。绿色圆圈是初学者雪道，坡度大约不超过40°，蓝色方块是中级雪道，大约不超过65°，再就是高级的黑色钻石雪道。每一色中当然也有容易、中等、困难之分，而且相差相当大，比如5°和40°都可以是绿道。一般来说，越好的雪场，难度越高。世界一流的雪场的绿色雪道有的会比通常雪场的蓝色雪道更陡。黑钻中还有双黑钻这一级别，是顶级难度的雪道。冬季不要贸然去深山峡谷或荒无人烟的地方滑雪。

（2）做好滑雪前的准备。事先要认真检查滑雪板和滑雪杖，包括有无折裂的地方、固定器连接是否牢固、附件是否齐备等。滑雪板应牢固地系在脚下，但又能顺利地解下。要穿鲜艳服装，以便在发生危险时，被及时发现获救。

（3）初练滑雪应注意循序渐进，量力而行。在滑雪之初，初学者主要应掌握四种滑降技术（直滑降、斜滑降、犁式滑降和半犁式滑降）和两种转弯技术（半犁式转弯和半犁式摆动转弯），并了解相应的技术要领。由于高山滑雪是加速运动，太快的速度使滑雪者不易控制滑雪板，而转弯过程本身就是减速运动，因此通过转弯可使滑雪者将滑雪板控制在匀速状态。只要将这些基础技术动作学好，并熟练掌握，初学者就能在不同的地形条件下真正体验滑雪带来的无穷乐趣。当滑雪者的技术水平达到能安全地停住，并能避开滑雪道上的障碍物和其他滑雪者时，才能去级别较高的雪场滑雪。

（4）若停留休息时，要停在滑雪道边上，并要充分注意和避开从上面滑下来的人，重新进入雪道时也是如此。

（5）滑雪有句俗话，“不怕摔，就怕撞”。就是说宁可摔倒，也不要发生碰撞，碰撞是很危险的，撞在别人身上，或是撞到树上、栏杆上、拦网上，轻则挫伤，重则骨折。

（6）不要单独在树丛、陡坡和深谷滑雪。一般来说三人以上在一起滑雪最安全。

（7）学会安全摔倒，摔倒后不要随意挣扎，尽量迅速降低重心向后坐。一般情况下，可以举手和双臂，屈身，任其向下滑动，要避免头部朝下，更要避免翻滚。

（8）平时应学习一些基本的医学知识和急救常识，如受伤时的处理、骨折后应采取的措施等。

（9）学会科学救人，发现他人受伤，千万不要手忙脚乱地去随意处置和搬动，应尽快向雪场救护人员报告。

第四节　攀岩安全

一、严格购选装备

由于攀岩运动本身所特有的危险性，从运动诞生之日起，人们就开始不断地研制生产各种为攀登者提供安全保证和便于此项运动开展的装备和器械。攀岩基本装备包括：安全带、主绳、铁锁、防化粉袋、绳套、攀岩鞋、下降器和上升器等。因所有这些装备涉及攀登者的生命安全，在购买和选用时必须注意其质量。

二、确保安全，不做没把握的攀登

在没有教练指导的场合下，不使用不熟悉的器材；在没有绳子的保护下，不做任何危险的攀登。攀爬前要做好热身运动，以防拉伤肌肉。攀爬前，要静思路径和方法，预设坠落动作及着点。

三、攀爬时的安全要点

攀岩的原则是：两手、两脚不要交叉；确保顺序，不急进；手攀，保持平衡；脚踩，支撑体重；三点不动，一点动，保持基本平衡。

（1）系完保险扣要请教练检查，最好请教练给你系“双八结”或“水手结”，这样会比较安全。

（2）攀爬时，身体应尽量贴近岩壁，以节省力气。脚要横踏岩点上的小窝，可有效防滑脱。

（3）手指并拢，才能牢牢抓住岩点。

（4）手脚轮流用力可节省体力，必要时向上“悠”一下更会事半功倍。

（5）主动调节呼吸。初学者往往忽略这一点。攀爬一条路线是一个连续的过程，从一开始就应该主动去调节呼吸，而不应等快坚持不住了再去调整。

（6）下降时面向岩壁，四肢伸开就不会在岩壁上碰疼。

四、遵守基本的攀岩道德，考虑他人的安全

抛下绳索前，必须大喊“抛绳”后才可抛下。在任何东西掉落时，必须立刻大喊落石通知，尽量避免造成落石伤人。绝对禁止踩踏绳子，这是对自己和别人生命的尊重。此外，不要抛掷任何攀岩器材。攀岩结束后应向确保者道谢；离开岩场时，要带走你的所有东西。

五、攀岩相关体能训练

（1）引体向上可增强臂力和手指力量。

（2）跳绳可锻炼身体的柔韧性和协调性。

（3）乒乓球、棋类等对培养判断力大有益处。

（4）游泳会锻炼心肺功能及全身力量和耐力。

第五节　漂流安全

（1）漂流地的选择。为了安全起见，不要到环境复杂多变、险象环生的溪流漂流。对漂流地要有安全方面的考虑。不要去没有水上安全措施的漂流地。

（2）要准备好雨衣，并带多套衣服。漂流不可避免会“湿身”，上岸后没有干衣服换是很难受的。参加漂流不要穿皮鞋，平底拖鞋、塑料凉鞋和旅游鞋都可以。坏天气水上冷，好天气水上晒，要注意防寒防晒，太名贵的服装鞋帽最好不要用于漂流。

（3）必须全程穿着救生衣，在掉到水里时救生衣会把漂流者浮起来，即使会游泳也必须全程穿着，防止艇翻惊慌，确保安全。

（4）在漂流的过程中请注意沿途的箭头及标语，它们可以帮助漂流者寻找主水道及提早警觉跌水区。在到达急流时，漂流艇艇具与艇身平衡并与河道保持平行，顺流而下。

（5）当漂流艇被石头卡住时，人不能着急站起，应稳住艇身，找好落脚点再站，以保证人的安全。当漂流者误入其他水道被卡或搁浅时，请站起下艇，找到较深处时再上艇，不能在艇上左右挪动，因为漂流是一种对漂流者体能与胆量的挑战，在保证漂流者安全的前提下，一般情况下救生人员不干涉漂流者。

（6）如发生翻船落水，漂流者不必惊慌，救生衣绝对保证得了你的安全，积极配合船工的救护措施进行救护，重新上船继续漂流。

（7）漂流者在漂流途中未经许可不得离艇下水。

（8）漂流者在整个漂流活动中，要团结、友爱、互助，在紧张、刺激、快乐、安全中漂流全程。

第六节　野营安全

一、选择营地

首先要考虑的就是安全。在野外，很多意外都可能发生。在低海拔地区，危险性要小得多，但仍必须遵循营地选择的基本原则。

（1）在搭帐篷之前，必须仔细勘察地形，营地上方不要有滚石、滚木以及那些风化的岩石，一旦发现附近有岩石散落的迹象，绝对不可以再搭帐篷了，尤其是靠近岩石壁的地方要留意，尽量避免在凹状的地方扎营。万一发现滚石，应立即大声喊叫，通知同行伙伴。

（2）不要在泥石流多发地建营。许多石块有被泥土包裹的痕迹，这是识别发生泥石流的主要标志。营地不要选在离泥石流通道太近的地方。

（3）雷雨天不要在山顶或空旷地上安营，以免遭到雷击。

（4）雷雨天不要在河滩、河床、溪边及川谷地带建立营地，以防被突如其来的洪水冲走。许多时候，营地都会选择在山脊上或河的两岸，以便于欣赏风景。较为理想的露营场所，不外乎河岸的台地或宽大的河岸。沙地平坦又干燥，并且溪边有清澈的水流，气候良好时，是很不错的宿营地。但是，如果下起倾盆大雨，山谷里的水很可能会突然暴涨，使河岸没入水中，冲走登山鞋、食品等，甚至连人一起被水流冲走。

（5）雨季时在野外宿营前一定要关注宿营地当地及河流上游地区的气候、水文情况，宿营时要注意在离水面几公尺高的高地上搭帐篷，不要选择雨水通道，要选排水良好的地方，还要选择危险时可逃生的路径。当一切都安顿好，还需时常注意水源流水量、浑浊情况以及流水声。一旦感觉异常，就要赶快逃。深夜或疲惫时都是导致灾难的时刻，千万不要粗心大意。

二、搭帐篷

（1）应尽量在坚硬、平坦的地上搭帐篷，不要在河岸和干涸的河床上扎营。

（2）帐篷的入口要背风，帐篷要远离有滚石的山坡。

（3）为避免下雨时帐篷被淹，应在篷顶边线正下方挖一条排水沟。

（4）帐篷四角要用大石头压住。

（5）帐篷内应保持空气流通，在帐篷内做饭要防止着火。

（6）晚间临睡前要检查是否熄灭了所有火苗，帐篷是否固定结实了。

（7）为防止虫子进入，可在帐篷周围洒一圈煤油。

（8）帐篷入口最好面朝南或东南，能够看到清晨的阳光，营地尽量不要在棱脊或山顶上。

（9）至少要有凹槽地，不要搭于溪旁，如此晚上不会太冷。

（10）营地选于沙地、草地或岩屑地等排水佳的地方。

三、近水

营地要选择离水源近的地方，这样既能保证做饭饮用的用水，又能提供洗漱用水，如果远离水源则会给营地带来很多不便，甚至是危险的。但在深山密林中，近靠水源会遇到野生动物，要格外小心注意。

四、背风

风会迅速带走人体的热量，给人制造寒冷，甚至引发疾病，同时大风会卷走帐篷，使人员无法休息，点燃篝火就更困难了，做饭取暖也难以保证，所以营地一定要避风。最好是在小山丘的背风处、林间或林边空地、山洞、山脊的侧面和岩石下面等等。

五、防兽

建营地时要仔细观察营地周围是否有野兽的足迹、粪便和巢穴，不要建在有蛇、鼠的地带，以防伤人或损坏装备设施。要有驱蚊、虫、蝎药品和防护措施。在营地周围遍撒些草木灰，会非常有效地防止蛇、蝎、毒虫的侵扰。

六、日照

营地要尽可能选在日照时间较长的地方，这样会使营地比较温暖、干燥、清洁，便于晾晒衣服、物品和装备。

七、平整

营地的地面要平整，不要存有树根、草根和尖石碎物，也不要有凹凸或斜坡，这样会损坏装备或刺伤人员，同时也会影响人员的休息质量。

最后请大家注意：在野外要保护自然环境，不伤害野生动物，不乱砍乱伐，不破坏自然植被，不污染水源，撤营时必须将燃火彻底熄灭，垃圾废物要尽可能带出，放在指定的地方，特殊情况无法带走时可将垃圾挖坑掩埋。

第七节　蹦极安全

蹦极对身体素质要求较高，凡是有心、脑病史的人都不能参加。深度近视者要慎重，因为蹦极跳下时头朝下，人身体以9.8米/秒的速度下坠，如图5-1所示，很容易脑部充血而造成视网膜脱落。有关节痛，曾经得过腰脊椎间盘突出，曾经骨折过的人也不要蹦极。身体强壮的人，在蹦极之前也要遵守一些规则：

图5-1　蹦极

（1）年龄限制，15 周岁以下和 45 周岁以上的人最好不要蹦极。

（2）心理素质差的人最好不要强迫考验自己的意志。比如，平时胆子就小，甚至听到一些大的响动就会惊慌不安的人、神经衰弱的人，即便是体质不错，也最好不要蹦极。

（3）跳下前应充分活动身体各部位，以防扭伤或拉伤。

（4）着装要尽量简练、合身，不要穿容易飞散或兜风的衣物。

（5）跳出后要注意控制身体，防止脖子或手脚被绳索卷到。

附：国际山难求救讯号

在一分钟内，连续发出 6 次长讯号，停顿一分钟后，重复同样讯号，不要中断直至有救援人员到达为止（即使已被救援人员从远处发现，也要继续发出讯号，使救援人员知道求救者之正确位置）。发出讯号的方法：

（1）吹哨子。

（2）用镜子或金属片发出。

（3）夜间用电筒发出闪光。

（4）挥动颜色鲜艳明亮的衣物。

（5）SOS 求救讯号：在可能情况下，在平坦的空地上用石块或树枝堆砌 SOS 大字母。

习　题

问答题

1. 登山要注意哪些安全事项？
2. 如何救助溺水者？
3. 如何安全地进行漂流？
4. 野营要注意哪些安全事项？

第六章　个人行为安全

第一节　个人行为安全注意事项

中职学生的生活阅历比较浅，生活经验不够丰富。在安全问题上，表现在防水、防盗、防骗、防滋扰、防意外伤害等方面缺少基本常识，致使个人行为的安全问题比较突出。为了维护正常的教学和生活秩序，保障学生人身和财物的安全，促进学生的身心健康发展，必须对学生进行安全教育。

一、上网安全

网络中有不少陷阱和骗局，网上资讯不乏色情、暴力、灰调。中职学生上网要注意安全和健康，不经父母同意，不要在网络上告诉别人自己的姓名、电话、住址、年龄、手机号码、信用卡号码、照片资料、父母的资料，特别是自己的上网帐号更要小心保密，不要轻易与在网络上认识的朋友私下见面。由于中职学生涉世不深，成了一些图谋不轨的“网友”利用的对象，更有一些女学生因“网恋”而遭受身心伤害，所以中职学生不能轻易相信“网友”、沉迷“网恋”。

二、不要和陌生人搭讪

中职生在外出的路上，如果有陌生人主动与你搭讪，一是不要跟他走；二是记住他的脸部和衣着特征以及车牌号码；三是从人多的地方走回学校或家中。

三、不要贪吃陌生人提供的食物

中职生外出游玩时，如遇陌生人主动提供的饮料、糖果等食物，不要贪吃，以防有诈。同时不要答应陌生人的各种邀请。

四、注意上门“推销者”的上门骚扰

中职学生单独在家，有时会受到那些所谓的“推销”、“保险”等人的上门骚扰。可在家门口放一双男人的鞋子，可以吓退那些骚扰者或者潜在的不法之徒。

第二节　防　盗　窃

我国目前最多的案件是盗窃案件，俗语有“十个案件八个盗窃”。这话虽然不够准确，但确实反映出目前盗窃案件发案率很高的现状。

一、公交车、地铁、商场等人流密集的场所防盗

通常，盗窃罪多发的地点就是公交车和地铁等人流密集的场合。这种场合的盗窃有以下几点：

（1）上下车的时候要小心。小偷“抢门”，就是趁上下拥挤进行盗窃。

（2）车内有人靠近，挡住你视线，此时要注意被盗。

（3）人少的时候，不要打瞌睡。

（4）当车厢里不拥挤，而你身边局部拥挤时，小心被盗。

有时小偷还会借助一些工具来进行偷盗：比如用来划包的刀片、镊子和挂钩，所以在乘车时，一定要多加小心，看管好自己的财物。同时，注意以下事项：

（1）上下车拥挤时，要格外注意防盗。

（2）钱包最好放在贴身的内侧兜，不要放在后兜、外侧兜。

（3）上车前，把零钱准备好；在车上，不要拿出钱包或手机。

（4）背包最好放在胸前。

还有一个盗窃案件多发的地方就是人来人往的火车站，尤其是春运期间旅客比较多，而且大多数都是回家探亲，行李比较多，大家要特别注意几种情况：

（1）扛包，腰间手机被偷。

（2）打电话，卡号被盗用。

（3）打公用电话，行李放旁边，被盗。

（4）候车时打瞌睡，包被盗。

打电话时注意看管好财物，不要把行李交给陌生人看管；检票和上车时注意保管财物；候车时不要打瞌睡。

除了公交车、地铁、车站之外，还有一些公共场所也是盗窃案件高发的地点，在这些地方也要多加小心。比如说商场、市场、餐馆，甚至在马路上和你的车里都有被盗窃的危险。

商场购物时，注意力集中在商品上，特别是在试衣试鞋的过程中，随手把包放在旁边。在商场购物，最好把包背在胸前，如果试衣服，也要把包放在自己的视线之内。另外，在拥挤的电梯上或者是排队交钱的时候，也要格外注意看管好自己的财物。还有一个地点大家也要警惕，就是商场的出入口，这也是小偷作案的地点。当你进出时，在你抬手推拉门的一瞬间，就是小偷下手的好机会。

餐厅拎包案件也经常发生。当大家吃饭的时候，都是比较放松的状态，警惕性也低一些。其实很多人平常去餐馆吃饭还是比较小心的，包都放在座位旁边，为什么还会被偷呢？这时小偷盗窃都会讲究一些技巧，设下一些圈套，而且都是团伙作案，让人防不胜防，因此我们应当注意：

（1）单人用餐时，要警惕陌生人与你搭讪或碰撞，这样很容易分散注意力而被盗。

（2）把包放在靠墙一边或是行人比较少的一边，而且要在自己的视线之内。

（3）衣服搭在椅背上，最好用椅套套好，最好把钱物装在随身的衣兜内。

二、户外人群并不密集的地方防盗

前面我们说的都是室内盗窃的情况，那么，在外面，而且人群并不密集的地方，会不会有被盗的可能？即使是在人少的街道上，同样不能掉以轻心。在行路中，被盗的情况也有很多。所以，要注意以下几点：单独行路时，特别是提东西时，要把挎包放在前边，外衣兜不要放贵重物品；如果是两人行路，要注意不要过分专注地交谈。

第三节　防　诈　骗

一、针对手机、固定电话、小灵通、互联网、银行卡用户的诈骗信息

1. 虚假信息诈骗的形式

近年来，虚假信息诈骗犯罪十分猖獗，在人们的传统观念中，诈骗分子往往采取传统的捡钱平分、易拉罐中奖、迷信消灾、以假金佛、金器等方式诈骗钱财。但是，随着社会的发展和人民群众生活水平的逐年提高，在现代通信技术日益方便群众生活的同时，功能多、使用方便的手机、小灵通、住宅电话、银行卡、互联网也日益成为不法分子实施虚假信息诈骗犯罪活动的利用工具。犯罪分子抓住一般人群的普遍心理，不断翻新花样，编造虚假信息实施诈骗，有些同学因缺乏辨别常识和防范意识，往往易被犯罪分子编造的种种虚假信息所迷惑而骗去钱财。其实，绝大多数诈骗犯罪都是可以预防和避免的。

根据我们掌握的资料，当前以信息诈骗为主要形式的诈骗行为主要有虚假奥运票务诈骗、虚假股票走势信息、虚假中奖信息、虚假网络游戏及即时通讯平台用户中奖信息、发送虚假银行卡消费及划帐问题、虚假提示、虚假廉价商品信息、虚假廉价商品网站信息、虚假招聘广告、虚假绑架事实诈骗、虚假ATM告示、虚假安全事故诈骗等，这些诈骗行为利用同学们贪小便宜、一夜暴富、求职心切、关爱亲友的心理，采取各种手段让人们失去或降低防范意识，从而达到诈骗的目的。另外，也有一些是利用学生尤其是女同学同情心和怜悯心理，刻意编造所谓凄惨身世，以所谓求助的方式达到诈骗行为，这种行为不仅局限于手机等通讯手段，在各个学校周围也存在这样一些不法分子。

因此，请同学们务必提高警惕，增强对自己生命和财产安全的保护意识。

2. 虚假短信诈骗典型手段

（1）虚假安全事故诈骗：此种情形是学生因某种原因泄露了家庭电话和个人电话，行骗者在学生关机的时候以学生“出车祸”等事由，要求家长或亲友速汇医疗费用。

（2）犯罪分子利用网络游戏和即时通讯等平台，发布诸如网络游戏账号、QQ、淘宝旺旺用户等中奖提示信息。当用户拨打指定“客服中心”电话联系领奖事宜时，犯罪分子即以缴税名义等借口骗取汇款。

（3）犯罪分子利用学生求职心切的心理，以高薪诱使学生与其联系，随后谎称要

预先缴纳“服装费”、“培训费”等骗取钱财。

（4）犯罪分子预先堵塞 ATM 取款机出卡口，并在 ATM 机旁粘贴虚假服务热线告示，诱导银行用户与其联系，随后要求用户提供银行卡及密码等各种信息，并进一步实施诈骗或盗取用户现金行为。

3. 警方提示

如果有通讯方面的问题，请与各大通信公司的固定客户服务电话联系，遇到可疑电话和短信请及时将电话和短信转发至警方免费虚假短信报警专号“10639110”或拨打“110”电话报警。各大通信公司 24 小时固定客户服务电话：移动：10086；联通：10010；电信：10000。

如有银行方面的问题和疑问，请与各大银行 24 小时固定客户服务电话联系，遇到可疑电话和短信请及时将电话和短信转发至警方免费虚假短信报警专号“10639110”或拨打“110”电话报警。部分发卡银行 24 小时客服热线电话：

工商银行：95588	农业银行：95599	中国银行：95566	建设银行：95533
交通银行：95559	兴业银行：95561	招商银行：95555	民生银行：95568
光大银行：95595	邮政储蓄：11185	华夏银行：95577	银　　联：95516

二、传销的陷阱

1. 非法传销与直销的六大区别

区别一：有无入门费。非法传销通常有几大明显的特点，首先是有相对高的入门费。一些非法传销公司会收取硬性的入门费，数额在三五百到千元不等。当然还有一些“聪明”的非法传销公司，他们会有其他的变通形式，比如：以入门认购产品为由来收取几百到千元不等的费用。据了解，这些非法传销企业参加者通过缴纳入门费或以认购商品等变相缴纳入门费的方式，获得加入、介绍或发展他人的资格，并以此获得回报。而在正规的直销公司是没有这块费用的。

区别二：有无依托优质产品。非法传销公司依托的产品往往是无价值但价格高的产品，一套只值几十块钱的化妆品可以标价为几百甚至上千元。而规范直销企业的产品标价则物有所值。

区别三：产品是否流通。非法传销不过是个“聚众融资”游戏，高额的入门费加上无法在市场中流通的低质高价产品使得他们的销售方式是让入门的所有销售代表都要认购产品，因为产品不流通，组织者多半利用后参加者所缴付的部分费用支付先参加者的报酬维持运作。但直销企业则完全相反，一方面企业产品要求质量好，另一方面，产品在市场上的销售也比较好。对于直销企业而言，产品优良与否是决定产品销量的根本原因，因为产品的流通渠道是由生产厂家通过营销代表到顾客手中的，中间没有其他环节。

区别四：有无退货保障制度。非法传销公司的产品一旦销售就无法退换，或者想方设法给退货顾客设置障碍。这一点在直销企业中完全不同。凡是正规的直销企业都会为顾客提供完善的购货保障。

区别五：销售人员结构有无超越性。以欺骗来获取收益的非法传销，在销售人员的结构上往往呈现为“金字塔”式，这样的销售结构导致谁先进来谁在上，同时先参加者从发展下线成员所缴纳的入门费中获取收益，且收益数额由其加入的先后顺序决定，其后果是先加入者永远领先于后来者。这种不可超越性在直销公司就不存在，在直销企业中无论参与者加入先后在收益上表现为“多劳多得”。

区别六：有无店铺经营。我国 1998 年全面整顿金字塔式传销后，很多外来直销企业纷纷转型，“店铺雇佣推销员”的模式成了规范直销企业的主要销售模式，这种特殊的直销经营方式，让推销员归属到店，这样不仅与公司关系直接而且还便于管理。非法传销企业往往停留在发展人员、组织网络从事无店铺的经营活动状态。直至今天，有无店铺仍然是我国市场上区分非法传销和直销的一个直观区别。

2. 非法传销的危害

一般人对传销危害的认识还是局限于影响家庭成员感情、造成经济损失、给当地社会带来不稳定因素等，但是，传销还有着更深层次的危害：

第一，在经济学层面上，传销以欺骗为直接手段，出售人与人之间的信任资源。参与者一旦发现自己被骗，解脱的方式就是发展下线，骗别人，一个庞大的骗子网络建立起来，假如传销无限制发展下去，社会上人与人的信任资源将无限流失，终究会动摇市场经济赖以发展的基础。

第二，在社会学意义上，瓦解社会基本单元——家庭，动摇社会稳定的基础。传销活动参与者多有相同的经历，就是被亲戚朋友以介绍工作为名，骗到外省市，参与人员中，多是弱势群体，最后结果往往许多人妻离子散，家破人亡，有的因“洗脑”过分投入，精神接近崩溃边缘。

第三，心理学意义上，突破了道德和法制约束，危害人的思想信念基础。传销的“洗脑”，让人不以欺骗为辱，反以为荣，传销培训出了不受道德约束的成员，即便组织被取缔，不再从事传销，已经没有正常人做不道德事时的内疚感，变得极端自私，唯利是图，这样的社会成员如果达到一定规模，社会控制体系将面临崩溃的危险。

传销不仅通过精神和思想控制人，还通过控制经济环境来控制人的行为。可见，传销的危害实在要引起大家的高度重视，他们呈现出来的一些更为隐蔽、更具迷惑性的手段更应引起大家的警惕。

第四节 防 抢 劫

抢劫是以暴力、胁迫或其他方法强行抢走财物的行为，对社会具有较大的危害性、骚扰性，如处理不当，往往转化为凶杀、伤害等恶性案件。

抢劫案一般多发生于夜晚或人烟稀少之处，如立交桥、地下通道、公共厕所、黑暗路段、门洞、茂盛的树林、花园、海滨公园等地。其形式有单人作案、结伙作案两种。

一、行走时

（1）单肩直挎包。许多案例证明这样很不安全！歹徒趁人不备用力一拉便可得手。挎包方式变直挎为斜挎能大大增加歹徒的作案难度。

（2）如果身体的左侧是路边，背包手袋应该挎在右边；如果身体的右侧是路边，背包手袋应该挎在左边。这样，如果有犯罪分子企图对你实施抢夺的话，会因为增加了逃逸难度，迫使其放弃作案想法。

（3）行走时不要走机动车道，要走人行道，并且尽量靠内侧行走。不法分子作案时，较多使用摩托车作为工具，往往从背后蹿出，坐在车上对行人顺势抢劫。因此，如果有意识地往人行道内侧走，就可以大大增加歹徒作案难度。

（4）尽量不在走路时打手机或发短信。如果是非打不可的电话，应将手机握在手心里，大拇指压住手机的一侧，其余四指握住手机的另一侧。

（5）在接打移动电话时，两眼应注意前后左右的情况，当发现骑摩托车或其他可疑人员向自己走来时，应转身利用未握手机的身体一侧面向可疑人员并移动脚步。

（6）一些不法分子开始利用汽车对路人实施抢劫。主要侵害对象是女性，不法分子实施的侵害手段较为残忍。一般来说，此类案件有三大特征：一是犯罪分子驾驶的车辆多为异地车牌，以微型面包车居多；二是作案时间多在晚上9点以后；三是作案车辆行驶速度和路线不正常。普通车辆夜晚行驶通常速度较快，而这类车辆速度较慢，走走停停。有时停在路边，发现行人后启动，有时一直在慢速兜圈。

二、女生注意

（1）女生外出大多数都随身带有一个挎包。在等人或等车时，手提式的包手要抓紧包带，肩背式的包应用胳膊夹紧小包，手抓住包带。

（2）等人或等车时，不要站在偏僻阴暗的街道边沿，尽可能背向墙壁面向街道。当发现有形迹可疑的摩托车、行人朝自己走来时，应立即加强戒备。

（3）女生夜间最好不要一个人单独行走。如果是经常走的街道，要记牢晚上开业的商店、附近的电话亭、派出所或治安点等，要选择有路灯设施、行人较多的路线，在中间明亮处行走，不要紧靠路边两侧而行。时刻对路边暗处保持戒备。

（4）陌生男人问路不要带他走，如果发现有人尾随要设法摆脱。

（5）不穿过分暴露的裙子和行动不便的高跟鞋。

（6）不戴金项链、金耳环等显眼首饰。爱美之心人皆有之，但过于显露贵重饰物易在马路上引来抢劫。招摇过市容易引来祸端。在非必要的场所，或者不能保障安全的场所尽量不要佩戴金银饰物。

三、随身财物

（1）开两个以上的银行账户，平时只带有零用钱（出门够用就好）的提款卡，万一发生意外，能把不幸降到最低。

（2）去银行、邮局等处存、取、寄大额现金时，最好两人同行。经验表明，无论是在银行、邮局柜台，还是在ATM机上取款时，如果多一个人站在身边，注意观察四周情况，时时给予安全提醒，就能有效地震慑歹徒，防止抢劫案件的发生。

（3）夏季衣着单薄，骑车族不要将手机别在腰间，防止被贼人盯上。

（4）不要将装有贵重物品和钱款的包、袋放在摩托车尾箱里，误将摩托车尾箱当作保险箱，在过十字路口等绿灯放行时最容易被骑摩托车尾随的歹徒下手。

（5）骑自行车时尽量不要将值钱的物品放在自行车的篮子内，最好将包挎在胸前；如果放在车篮里，一定要将包带绕在车把上；同时在骑自行车时也要对周围情况留意，遇到可疑人，尽量绕行。

（6）乘坐公交车时，不要在靠窗或车门的座位上打电话，也不要翻出钱包。万一遭受抢劫，不要惊慌，要克服畏惧、恐慌情绪，冷静分析自己所处的环境，对比双方的力量，针对不同的情况，采取不同的对策。

第五节 求职择业中的安全

【案例链接】近期以来，套取并利用求职者信息进行诈骗的案件屡见报端。毛先生日前在贵阳家中接到一长途电话，称其在广州读大学的儿子在车祸中撞断右大腿，正在医院抢救，急需手术费5万元。张先生闻讯立即拨打儿子手机却怎么也打不通，相信真的出事了。就在此时，一个自称是儿子学校领导的人又打来电话，证实确有其事，并留下一个广州账号。毛先生连忙筹集了5万元汇过去。

几小时后，毛先生终于打通儿子电话，方知上当受骗。原来，儿子不久前在网上发了一则求职应聘信息，有人自称是某公司总经理，想招聘他做兼职。儿子便将贵阳家庭情况和电话号码告诉了对方。岂料对方招聘是假，套取家庭信息诈骗是真。

在毕业生就业形势越来越严峻的今天，在大多数人将目光投向学生就业难的同时，我们也应关注学生们的就业安全问题。

一、个人资料安全

在一些招聘会上，人们经常可以看到一些求职者的简历被随意丢在地上，这些简历上面有详细的个人信息，这些信息可能会给求职者带来意想不到的麻烦。

信息时代，信息就是资源。事实上，形形色色的黑手已经伸向毕业生的求职简历。某职校毕业生小黄，自从两个月前参加一场招聘会后，手机上的垃圾信息明显增多，有做广告的，有拉他去搞推销的，还有一些色情服务信息。更可气的是他同班的一位女生自从在某招聘会上投出简历后，便被婚姻介绍所盯上了，时常打电话骚扰，还有一些人打电话拉她去做陪聊服务，到夜总会唱歌、推销酒水等等。某职校一位就业指导老师告诉记者，现在一些不法分子四处收集个人简历，除了到招聘会上去捡，还可能花钱从一些不太规范的公司去买，他们把简历进行分类，然后提供给职业中介、婚姻中介、假证制造者、短信服务商、广告商们，接下来骚扰就源源不断了。

那么毕业生如何加强个人信息保密呢？就业指导专家提醒毕业生：不要将个人的所有联系方式都提供给招聘单位，一般提供手机号码和电子邮件即可，至于固定电话，可以提供院系负责就业工作的老师的办公电话，最好不要提供宿舍或者家庭电话。接到陌生人的电话，不要轻信其花言巧语，应拨打114进行核实，或者与老师同学一起分析商量；对于各种渠道特别是互联网上的招聘信息，一定要慎重核实，不要轻易填写过于详实的个人信息。另外，不要采取“天女散花”的求职方式，对自己不信任的、不规范的公司不要随便递简历。

二、就业安全警示

（1）参加政府部门、劳动部门或学校举办的正规人才招聘会。

（2）网上求职要注意登陆的网站是政府人事、劳动部门举办的，或者是正规的企业网站。

（3）不要轻信街头路边的小广告或口头招聘广告。

（4）如果要到中介机构求职，一定要核准中介机构的营业执照、信誉等资质条件。

（5）如有来学校招聘的单位广告，一定要有学校就业中心审核并加盖公章，来人招聘应有就业指导中心老师的参与。

（6）谨慎处理个人的信息，并保持同家人和学校联系。

第六节　拒绝毒品

一、什么是毒品

毒品是指鸦片、海洛因、冰毒、吗啡、大麻、可卡因以及其他能够使人形成瘾癖的麻醉药品和精神药品，也包括近年来在美国等地流行起来的迷幻药。国际上通常把毒品分为九大类，其中对人体危害最大的有鸦片类、可卡因类和大麻类，可卡因类被称为“百毒之王”。

目前，世界上有四大“毒窟”，分别是位于东南亚的老挝、泰国、缅甸三国接壤地区的“金三角”；位于中、西亚的阿富汗、巴基斯坦、伊朗三国接壤地区的“金新月”；位于南美洲哥伦比亚的“银三角”和黎巴嫩的“第四产地”。

毒品具有以下的共同特征：①有一种不可抗拒的力量强制性地使吸食者连续使用该药，并且不择手段地去获取它；②连续使用有加大剂量的趋势；③对该药产生精神依赖性及躯体依赖性，断药后产生戒断症状；④对个人、家庭、社会都会产生危害性结果。

吸毒的高危人群是指容易沾染毒品的重点人群。在我国，容易沾染毒品的重点人群，从年龄来分，以青少年为主；从职业来分，以无业人员、个体户和流动人口居多；从层次来分，文化素质低的占多数。从理论上讲，任何人都有可能成为吸毒者，在现实中高危人群更容易沾染毒品。因此，加强面向高危人群的禁毒预防和宣传教育，是开展禁毒工作的重点，也是禁毒工作的重要措施之一。

二、青少年要远离毒品

毒品危害的严重性，从公安部门最近的数据就可以看出。2003年我国内地累计登记在册的吸毒人员已达到103万人，其中74%吸用海洛因，同比上升了11%。在吸毒人员总数中，35岁以下的青少年占到72.2%以上。

青少年涉毒问题增多有多方面的原因：

（1）目前毒品泛滥的大环境未能得到有效控制。据报道，2004年我国警方共破获毒品犯罪案件9.39万起，抓获毒品犯罪嫌疑人6.37万名，缴获海洛因9535公斤、鸦片905公斤、冰毒5827公斤以及易制毒化学品72吨。一些毒品贩子利用青少年的好奇心理，采取多种手段引诱青少年上钩，致使其染上毒瘾，难以戒断，有些被送进劳教所劳教。据北京某劳教所统计，吸毒的起因38%是好奇，12%是受亲友影响，26%是精神空虚、追逐时髦，24%是被引诱上钩。

（2）社会、学校对毒品危害的宣传力度不够，政府有关部门采取的预防措施不力。毒品对青少年的诱惑力是相当大的。当前一些不法分子往往采取在饮料、啤酒中放置冰毒或摇头丸的手段引诱青少年上钩。加上娱乐场所管理混乱，易为犯罪分子提供可乘之机。学校思想道德教育薄弱，社区工作发展极不平衡，一些单亲家庭的子女得不到亲情的关爱，因而导致青少年涉毒问题愈演愈烈。

（3）受毒品暴利引诱，毒品犯罪分子猖獗。我国已处于毒品的四面包围之中。国内一些不法分子为牟取暴利，与境外贩毒分子勾结，致使毒品犯罪呈现职业化、扩展化、武装化、国际化的趋势。毒品滥用多样化和制贩毒一体化，加大了禁毒工作的难度。如广东警方破获贩运冰毒一年竟达五吨之多，可见毒品犯罪何等猖狂。毒品犯罪分子的手段之一是利用一些社会经验少、辨别能力差的青少年为他们走私贩运毒品，因为他们年龄小，处于无刑事责任和只承担相对刑事责任及减轻刑事责任的年龄段，可以逃脱罪行，贩毒分子引诱他们参与犯罪活动。这样一来，一些青少年不仅仅自己成为毒品犯罪的受害者，同时也成为了毒品犯罪的“害人者”。

三、预防和减少青少年涉毒行为

打击毒品犯罪，对于治国安邦，推进改革开放和现代化建设顺利进行，保障实现全面建设小康社会的宏伟目标，是一项既紧迫又艰巨、既重大又长远的任务，必须发挥社会整体功能，开展社会综合治理，方能取得成效。为此提出以下建议：

（1）认真贯彻《中华人民共和国未成年人保护法》和《中华人民共和国预防未成年人犯罪法》，动员社会各方面力量，调动社会各种积极因素，宣传毒品危害，杜绝毒品来源，组织青少年学法、知法、用法、守法，引导青少年远离毒品场所，严防毒品侵害，提高青少年抵御毒品的能力，要求青少年用社会主义道德风尚和精神文明约束自己。

（2）进一步发挥学校的教育功能，在学生中大力加强毒品危害教育，严格要求学生远离吸毒人群；对于吸毒的学生，一律按照校规严肃处理。决不能允许毒品流入学校。

（3）加大城市社区和农村居民委员会的禁毒工作力度。社区和居民委员会要关心青少年的成长，特别是对于单亲家庭的青少年，更要给予热情的关怀；法院在处理离婚案件时，要充分考虑未成年人的合法权益。对于失足于毒品的青少年，要建立吸毒档案，开展帮教工作，组织定期尿检，发挥社区矫正的功能。

（4）对于涉毒犯罪的青少年，要实行重教育、重感化、重挽救、轻惩罚的方针，尽可能少判、轻判、不判，少送监狱和劳动教养所，给予司法保护。实践证明，青少年犯罪送进监狱和劳动教养所后，易受服刑的惯犯和成年犯罪分子的影响，非但自身得不到改造，反而会学习一些新的犯罪手段，不如放在社区，通过社区帮教矫正，更有利于他们改掉恶习。对于已经戒毒的青年，社会要予以关心，帮助他们学会一技之长，政府要设法给他们安置就业。

(5) 加大打击毒品犯罪的力度，在全社会营造良好的禁毒、防毒、拒毒氛围。

(6) 政府应支持和帮助戒毒所、少管所、劳教所建立科学的戒毒模式和管理方式，培养戒毒方面的人才，鼓励和支持创办民间戒毒机构。医疗卫生部门应加快戒毒工作的理论和实践探索，尽快形成科学的戒毒理论和综合脱瘾方法体系，以便戒毒工作能够较快取得成效。

(7) 构建拒毒心理防线。职校阶段是人生成长的关键时期，对生活充满热情和憧憬，渴望拥有五彩斑斓的生活和精彩人生。在这个关键时期，如果吸了第一根烟，尝试了第一口毒品，涉足了青少年不宜进入的场所……，你的人生悲剧也许就会从此开始。要避免悲剧的发生，就必须构筑拒绝毒品的心理防线。

(8) 正确对待挫折和困难。中职生在学习、生活中遇到考试成绩不尽人意、和朋友吵架分手、家庭生活遇到困难等都是正常的，要正确对待。遇到这类情况时，可以试着和父母、老师、同伴沟通，或者听听自己喜欢的音乐，参加自己喜欢的体育活动等，分散自己的注意力，排解烦恼，绝对不要用毒品来麻醉自己。请相信：挫折和困难是暂时的，战胜挫折和困难是宝贵的人生财富。

(9) 正确把握好奇心，抵制不良诱惑。好奇是中职学生的共同特点，对于没有体验的东西，总有一种跃跃欲试的愿望，但是，一定要明辨是非，把握好奇心。面对毒品，一定要态度鲜明，千万不要心存侥幸，以好奇为由去尝试，自觉抑制不良诱惑，千万不要吸食第一口。

(10) 牢记“四知道”。一要知道什么是毒品；二要知道吸毒极易成瘾，难以戒除；三要知道毒品的危害；四要知道毒品违法犯罪要受到法律制裁。

第七节　防性骚扰与性侵犯

一、什么是性骚扰与性侵犯

一般认为，只要是一方通过语言的或形体的有关性内容的侵犯或暗示，从而给另一方造成心理上的反感、压抑和恐慌的都可以构成性骚扰。性侵犯，主要是指在性方面造成的对受害人的伤害。性骚扰和性侵害是危害中职生身心健康的主要问题之一。由于两性的社会地位和角色不同，相对而言，性骚扰和性侵害的对象常以女性为多。因此，女学生了解一些性侵害和性骚扰的基本情况，掌握一些基本对付方法是非常必要的。

二、常见的性侵害形式

(1) 暴力式侵害，即直接采取暴力威胁手段侵害女学生。

（2）流氓滋扰式侵害，如语言调戏，推拉摸撞占便宜，做下流动作等。

（3）胁迫式侵害，即利用受害人有求于己或抓住受害人的个人隐私进行要挟、胁迫、使女生就范。

（4）社交性强奸，即受害人的相识者，利用或创造机会把正常的社交引向性犯罪，受害人往往出于各种顾虑不敢揭发。

女生可采取以下措施预防社交性强奸：不要轻易相信新结识的异性朋友；控制好感情，不要在交往中表现轻浮；控制约会的环境；不过量饮酒；不要接受比较贵重的馈赠；对过分的举动要明确表明自己的反对态度。

哪些女生易受性侵害：① 长相漂亮，打扮时髦者；② 文静懦弱，胆小怕事者；③ 作风轻浮，有性过错者；④ 身处险境，孤立无援者；⑤ 体质衰弱，无力自卫者；⑥ 怀有隐私，易被要挟者；⑦ 不加选择，乱交朋友者；⑧ 贪图钱财，追求享受者；⑨ 意志薄弱，难拒诱惑者；⑩ 精神空虚，无视法纪者。

校园内夏季性侵害案件多，主要由于夏季为性侵害案件提供了较为有利的气候条件和客观环境：夏季炎热，夜晚生活时间延长，外出机会增多；夏季不似冬季寒冷，案犯容易找到作案场所；夏季绿树成荫，案犯作案后易于藏身和逃离；夏季女生衣衫单薄，裸露较多，曲线毕露，对异性刺激增多。

（5）女生集体宿舍如何注意安全。

1）经常进行安全检查，如发现门窗损坏，及时报告学校有关部门修理。

2）就寝前要关好门窗，在天热时也不例外。防止犯罪分子趁自己熟睡时作案。

3）夜间上厕所时，要格外小心，如厕所照明设备损坏，应带上手电筒，上厕所前应仔细查看一下。

4）中午或夜间如有人敲门，要问清是谁再开门，如发现有人想撬门进来，室内同学要大声呼救，并做好齐心协力反抗的准备。

5）周末或节假日，其他同学回家或外出，最好不要独自一人住宿。回宿舍就寝时，要留心门窗是否敞开，防止有犯罪分子潜伏作案，如遇异常情况，可请一两位同学同时去，以确保安全。

6）无论一人或多人住宿，当犯罪分子来侵害时，要保持冷静的态度，做到临危不惧，遇事而不乱。一方面呼救，一方面同犯罪分子作坚决斗争。

（6）女生夜间行路如何注意安全。

1）保持警惕。如果在校园内行走，要走灯光明亮、来往行人较多的大道。对于路边黑暗处要有戒备，最好结伴而行，不要单独行走。如果走校外陌生道路，要选择有路灯和行人较多的路线。

2）陌生男人问路，不要带路。向陌生男人问路，不要让对方带路。

3）不要穿过分暴露的衣衫和裙子，防止产生性诱惑，不要穿行动不便的高跟鞋。

4）不要搭乘陌生人的机动车、人力车或自行车，防止落入坏人的圈套。

5）遇到不怀好意的男人挑逗，要及时斥责，表现出自己应有的自信与刚强。如果碰上坏人，首先要高声呼救，切莫紧张，要保持冷静，利用随身携带的物品，或就地取材进行有效反抗，还可以采取周旋，拖延时间等方法等待救援。

6）一旦不幸受侵害，不要丧失信心。要振作精神，鼓起勇气同犯罪分子作斗争。要尽量记住犯罪分子的外貌特征。如身高、相貌、体型、口音、服饰以及特殊标记等等。要及时向公安机关报告，并提供证据和线索，协助公安部门侦查破案。

(7) 男生也要防性骚扰。

过去，我们会认为，女孩最需要保护。父母总是对自己的女儿呵护备至，而对男孩则马虎得多，但越来越多的事例证明，男孩同样也需要保护，特别是一些女性侵犯男孩事件曝光后，这一话题更受到广泛关注。而且，我们要知道，男孩虽然不说，但他们的青春期困惑一点也不比女孩少。对男孩的保护同样重要，男孩也需要关怀。

男孩受到性骚扰很大程度上来自于教育者的忽视。比如，在青春期教育中，他们很少受到这方面的提醒。家长防范意识较弱，对孩子晚归或在外过夜很少过问。另外，男孩由于性格原因，不像女孩子那样有什么事喜欢和妈妈说，他们一般不表露自己的内心感受，遇到问题更是隐忍不发。据相关医院透露：他们收到的咨询来信 90% 都是男孩子。

因此，对男孩的保护同样不容忽视。家长和老师首先要进行以科学为基础的青春期性知识教育、道德教育。同时，提高防卫意识，躲避那些有性侵犯倾向的人，而这些人的一般特征是：要求和你单独在一起，动手动脚。

习　题

问答题

1. 传销与直销有哪些区别？
2. 短信诈骗有哪些形式？
3. 什么是毒品？毒品有哪些共同的特征？
4. 怎样预防和减少青少年的涉毒行为？

第七章 急救技能

第一节 常见急救的最基本做法

一旦遇到紧急、危重情况，首先应检查生命体征，判断急救对象是死是活，是轻是重。生命体征指意识、呼吸、脉搏和血压。

一、检查意识

可大声呼喊病人、拍打病人脸颊或拧病人手足等观察反应。意识清楚的，可以回答问题。确定病人是否昏迷，简单的鉴别方法是用棉花丝轻轻触碰病人眼睛角膜，正常人或轻症病人会立即出现眨眼动作，而昏迷，特别是深昏迷病人毫无反应。当病人失去意识时，首先要保持呼吸道通畅，以防窒息。

对于昏迷病人，要观察双眼瞳孔。正常人两侧瞳孔是一样大、一样圆的，遇到光线照射会迅速缩小（瞳孔对光反应）。病人脑部受到严重伤害，两侧的瞳孔可能不一般大，缩小或散大，当用电筒光线突然照射瞳孔时，瞳孔不缩小或缩小反应迟钝。外伤或昏迷病人瞳孔散大、固定，往往说明病情危重。

二、检查呼吸

人体通过呼吸吸入氧气，呼出二氧化碳，实现内、外环境之间气体交换，维持生命。人的呼吸器官（包括上呼吸道、支气管、肺、胸膜）以及纵隔、心脏、血液、神经等系统病变或中毒后，会使患者感到氧气不足或呼吸费力，表现为呼吸频率（次数）、深度和节律改变。严重时患者端坐位，用力呼吸，嘴唇发干。如病人出现呼吸异常，应及时到医院就诊，查找病因，及时治疗。

观察呼吸，主要看胸、腹部有无起伏。有起伏说明有呼吸，没有起伏说明呼吸很微弱或已经停止。也可将手掌心或耳朵贴在病人的鼻腔或口腔前，感觉有无气流进出。或者用一丝纱线（或一小片棉花、餐巾纸、草叶等）放在病人鼻腔或口腔前，观察是否被气流吹动。正常人每分钟呼吸 12 ~ 18 次。垂危病人呼吸变快、变浅，不规则；病人生命垂危时，呼吸变得缓慢、不规则，直至停止。对呼吸已经停止者，须马上施行人工呼吸。

三、检查脉搏

从出生到死亡，人的心脏一直在跳动。心跳是重要的生命体征。没有心跳，说明人已经死亡或接近死亡。检查心跳，可以用食指和中指轻轻地触及病人手腕桡侧（掌侧大拇指一边）的动脉。如有搏动，说明心跳存在。如果不清楚，可触摸病人颈动脉，也可以用耳朵贴在病人心前区听有无心脏搏动，还可以观察病人颈部动脉是否有搏动。凡是浅表靠近骨骼的大动脉都可以用来诊脉。每次测脉搏时间不能少于 30 秒，心脏病患者要测 1 分钟。正常成人脉搏每分钟 60 ~ 100 次。

如发现病人心跳停止、脉搏消失，应立即做胸外心脏按压进行抢救。

四、测量血压

血压是动脉血压的简称，它是指血液在动脉内流动时，对血管壁所施加的压力。当心脏收缩，血液射到主动脉内，最高压力称为收缩压；当心脏舒张，动脉内最低压力称为舒张压。收缩压与舒张压之差，称为脉压。如某人的收缩压为 17.3 千帕（130 毫米汞柱），舒张压为 10.7 千帕（80 毫米汞柱），则其脉压为 6.67 千帕（50 毫米汞柱）。血压是重要的生命体征，血压突然降低，常常是出血过多或病情恶化。测量血压还可以了解心血管系统状况。

测血压常用血压计有水银柱式血压计、电子血压计和气压表式血压计 3 种，根据具体情况和条件选择。目前水银柱式血压计较为常用，测量部位常在上肢肘窝的肱动脉或下肢腘动脉处。

正常人血压随年龄增长而升高，在日常活动中可有微小波动。健康成人收缩压为 12.0 ~ 18.6 千帕（90 ~ 139 毫米汞柱），舒张压为 8.0 ~ 11.9 千帕（60 ~ 89 毫米汞柱），脉压为 4.0 ~ 5.3 千帕（30 ~ 40 毫米汞柱）。以往测血压使用的单位为毫米汞柱（mmHg），现在改为千帕（kPa），毫米汞柱与千帕（mmHg 与 kPa）的换算为：1 毫米汞柱 = 0.133 千帕。

第二节　身体部位的急救处理

一、头部受到强烈打击时

（1）陷入昏迷状态者，要轻轻地翻身，使成侧卧位，并记录时间。

（2）不可让病人受震动或使病人颈部前屈，尽量保持后仰位置。

（3）安静地转送至脑神经外科医生处。

二、眼中进入异物时

（1）翻开下眼睑检查。

（2）翻开上眼睑检查。

（3）找到异物时，用水浸湿棉签，粘取异物。

（4）用流动水冲洗眼睛。冲洗中让患者不断地眨眼。

三、咯血与呕血

（1）要从精神上稳住病人，勿使发慌，让其卧床并保持安静。

（2）咯血时，血中混有气泡，血色鲜红。大量咯血时，注意勿使窒息，应将头部放低，并侧卧休息。一般都会自行止血。

（3）呕血时，血色暗红或呈咖啡渣色。同样要保持精神和肢体的安静。应取倒卧位，以防窒息。此法只是一时之计，要请内科医生出诊。

四、耳内进入异物时

（1）若是昆虫，用光照耳，即可飞出。

（2）若是豆类等物，不要强行取出，要到耳鼻喉科医生那里就诊。鼻内进入异物时可尝试把发夹的圆头顺着鼻孔壁插进，把异物带出来。

五、流鼻血时

（1）让病人坐到椅子上，使情绪稳定。

（2）让病人头部前倾，用嘴喘气。从外面用手指压迫出血侧的鼻翼。

（3）用干净纱布轻轻地堵塞出血的鼻孔，进行压迫止血，效果很好。

六、咽喉部有异物堵塞时

（1）若是成年人，可让病人自己压住舌头，连续咳嗽2～3次。

（2）患者上半身前倾，请别人从身后用两手合拢围起，把前胸向上提起。

（3）侧卧，用手指试钩咽喉部，有时也能钩出异物。

（4）若为儿童，则头朝下抱起，用力拍打背部2～3次。异物还是除不掉时，赶快送医院。

（5）鱼刺哽在咽喉部时：

1）用手指压住舌头，连续反复地用力咳嗽。

2）1）法无效者，要到耳鼻喉科医生处求治。

七、生鸡眼时

更换鞋子是先决条件。在热水中浸泡20～30分钟后擦净，贴上鸡眼膏。4～5天后，用手术刀削去鸡眼组织，要反复进行几次。鞋子磨鸡眼时除更换鞋子外，要加垫，使鸡眼部位不受磨。要有耐性地连续做，一定能治好。

八、牙痛

牙痛的滋味，一般的人几乎都体验过，确实使人难以忍受。特别是在夜晚，牙痛起来去医院很不方便，实在痛苦，掌握必要的应急方法，可减轻一时的疼痛。

1. 应急方法

（1）用花椒一枚，噙于龋齿处，疼痛即可缓解。

（2）将丁香花一朵，用牙咬碎，填入龋齿空隙，几小时牙痛即消，并能够在较长的时间内不再发生牙痛（丁香花可在中药店购买）。

（3）用手摩擦合谷穴（手背虎口附近）或用手指按摩压迫，均可减轻痛苦。

（4）用盐水或酒漱口几遍，也可减轻或止牙痛。

（5）牙若是遇热而痛多为积脓引起，可用冰袋冷敷颊部，疼痛也可缓解。

2. 注意事项

（1）顽固的牙痛最好是含服止痛片，可减轻一时的疼痛。

（2）止痛不等于治疗。应注意口腔牙齿卫生，以防牙痛。当牙痛发作时，用上述方法不能止痛，应速去医院进行急诊治疗。

（3）防止牙痛关键在于保持口腔卫生，而早晚坚持刷牙很重要，饭后漱口也是个好办法。

（4）预防牙病还要应用横颤加竖刷刷牙法。刷牙时要求运动的方向与牙缝方向一致。这样既可达到按摩牙龈的目的，又可改善牙周组织的血液循环，减少牙病所带来的痛苦。

第三节　蜇咬伤的急救

一、被蛇咬伤

毒蛇有毒牙和毒腺，头部大多为三角形，颈部较细，尾部较粗短，色斑较鲜艳，牙齿较长。被毒蛇咬伤的，一般可在患处发现有2～4个大而深的牙痕，局部疼痛。

被无毒蛇咬伤的，一般有两排“八”字形牙痕，小而浅，排列整齐，伤处无明显疼痛。对一时无法确定的，则应按毒蛇咬伤处理。

（1）立即就地自救或互救，千万不要惊慌、奔跑，那样会加快毒素的吸收和扩散。

（2）立即用皮带、布带、手帕、绳索等物在距离伤口3～5厘米的地方缚扎，以减缓毒素扩散速度。每隔20分钟需放松2～3分钟，以避免肢体缺血坏死。

（3）用清水冲洗伤口，用生理盐水或高锰酸钾液冲洗更好。此时，如果发现有毒牙残留必须拔出。

（4）冲洗伤口后，用消过毒或清洁的刀片，以两排牙痕为中心做“十”字形切口，切开不宜太深，只要在切皮下能使毒液排出即可。

（5）有条件的话，可以用拔火罐或者吸乳器反复吸伤口，将毒液吸出。紧急时也可用嘴吸，但是吸的人必须口腔无破溃，吐出毒液后要充分漱口。吸完后，要将伤口温敷，以利毒液继续流出。

（6）可点燃火柴，烧灼伤口，破坏蛇毒。

（7）尽快服用各类蛇药，咬伤24小时后再用药无效。同时可用温开水或唾液将药片调成糊状，涂在伤口周围的2厘米处，伤口上不要包扎。

（8）经处理后，要立即送附近医院。

二、被狗咬伤

被狗咬伤对人的危害较大，因为狗的牙齿生长着各种病菌和病毒，很容易通过伤口侵入人体，引发疾病，甚至造成破伤风致人死亡。如果是被疯狗咬伤，还会由狂犬病毒引发狂犬病，狂犬病致人死亡率非常高，所以，被狗咬伤决不能轻视，必须采取紧急处理措施。

（1）一般情况下很难区别是否被疯狗咬伤，所以一旦被狗咬伤，都应按疯狗咬伤处理。

（2）被狗咬伤后，要立即处理伤口，首先在伤口上方扎止血带（可用手帕、绳索等代用），防止或减少病毒随血液流入全身。

（3）迅速用洁净的水或肥皂水对伤口进行流水清洗，彻底清洁伤口。对伤口不要包扎。

（4）迅速送往医院进行诊治，在24小时内注射狂犬病疫苗和破伤风抗毒素。

三、被蜜蜂、黄蜂等蜇伤

蜂的种类很多，有蜜蜂、黄蜂和土蜂等，有的蜂腹部末端有与毒腺相连的蜇刺，当蜇刺扎入人体时，可随之注入毒液将人体蜇伤，蜇伤后伤处会出现肿胀、水疱，局部剧痛或瘙痒，甚至出现头痛、恶心、烦躁、发烧等症状。被蜂蜇伤可以采取如下做法：

（1）不要紧张，保持镇静。

（2）如有毒刺刺入人体皮肤，先拔去毒刺。

（3）清洗伤口，最好用肥皂水、食盐水或糖水。

（4）被黄蜂蜇伤的，可以用食用醋涂在患处。

（5）可以将大蒜、生姜捣烂后取汁涂于患处。

（6）如有韭菜，可取少许，洗净后捣烂成泥状涂在患处。

（7）症状比较严重的，应该赶快送往医院进行抢救。

第四节 中暑的急救

在高温或在强热辐射下从事长时间劳动，如无足够防暑降温措施，可发生中暑；在气温不太高而湿度较高和通风不良的环境下从事重体力劳动也可中暑。年老、体弱、营养不良、疲劳、肥胖、饮酒、饥饿、失水失盐、之前有过发热现象、穿紧身不透风衣裤、水土不服及甲亢、糖尿病、心血管病、先天性汗腺缺乏症、振颤麻痹等常为中暑诱因。此外，长期大剂量服用氰丙嗪的精神病患者在高温季节易中暑。

户外活动如何防止中暑：

（1）喝水。大量出汗后，要及时补充水分。外出活动，尤其是远行、爬山或去缺水的地方，一定要带充足的水。条件允许的话，还可以带些水果等解渴的食品。

（2）降温。外出活动时，应该做好防晒的准备，最好准备好太阳伞、遮阳帽，穿浅色透气性好的服装。外出活动时一旦有中暑的征兆，要立即采取措施，寻找阴凉通风之处，解开衣领，降低体温。

（3）备药。可以随身携带一些仁丹、十滴水、藿香正气水等药品，以缓解轻度中暑引起的症状。如果中暑症状严重，应该立即送医院诊治。

第五节　休克、昏厥的急救

一、休克

1. 休克定义及表现

休克是一种急性循环功能不全综合症。发生的主要原因是有效血循环量不足，引起全身组织和脏器血流灌注不良，导致组织缺血、缺氧、微循环淤滞、代谢紊乱和脏器功能障碍等一系列病理生理改变。

休克病人表现为血压下降，心率增快，脉搏微弱，全身乏力，皮肤湿冷，面色苍白或发青，脉萎陷，尿量减少。休克开始时，病人意识尚清醒，如不及时抢救，则可能表现出烦躁不安，反应迟钝，神志模糊，进入昏迷状态甚至导致死亡。

2. 现场急救

（1）令病人平卧，下肢稍抬高，以利于对大脑血流供应，但伴有心衰、肺水肿等情况出现时，应取半卧位。

（2）应注意保暖，保持呼吸道畅通，以防发生窒息。

（3）保持安静，避免随意搬动病人，以免增加其心脏负担，使休克加重。

（4）如因过敏导致休克，应尽快脱离致敏场所和致敏物质，并给予备用脱敏药物如扑尔敏片口服。

（5）有条件要立即吸氧，对于未昏迷的病人，应酌情给予含盐饮料（每升水含盐3克，碳酸氢钠1.5克）。

值得注意的是，一旦发现病人出现休克时，应分秒必争打“120”台呼救，或送至就近医院抢救。因为一般情况下在院外完全治好病人的休克，可以说根本是不可能的。

二、昏厥

1. 昏厥定义及发生原因

昏厥亦称晕厥，是指人突然间暂时性地失去意识及肌肉力量降低，是暂时性的脑供血不足引起的突发而短暂的意识丧失，病人晕厥时会因知觉丧失而突然晕倒。在昏倒前常见周身发软无力、头晕、眼黑目眩，昏倒后，可见面色苍白或出冷汗、脉搏微弱、手足变凉等。轻度昏厥，经短时休息，即可清醒，醒后可有头痛、头晕、乏力等症状。

昏厥主要分为血管神经性昏厥和心脑疾病性昏厥两类，疼痛恐惧、过度疲劳、饥饿、情绪紧张、气候温热、体位突然改变等因素可诱发血管神经性昏厥；心率失常、心肌梗塞、心肌炎、高血压、脑血管痉挛发作等可导致心脑疾病性昏厥发生。

2. 现场急救

（1）令患者平卧，松解患者衣领和腰带，打开室内门窗，便于空气流通，另外使患者头部稍低，双足略抬高，保障脑部供血。

（2）如有心脏病史，并怀疑是心脏病变引起的昏厥时，应取半卧位，以利呼吸。

（3）可针刺或用手指掐患者的人中、内关、合谷等穴，促使苏醒。

（4）注意对患者身体的保暖，随时观察患者呼吸、脉搏等情况。

（5）待患者清醒后，可给患者服用温糖水或热饮料。

（6）经处理仍未清醒者，应及时进行人工呼吸或妥善送往附近医院。

第六节 轻度水火烫伤

开水或蒸汽烫伤应尽快将患部浸入凉水中，或用自来水流水冲洗，以促使局部散热，防止起水泡。

小面积火烫伤可先进行伤面消毒，再用干净棉签蘸清洁生蜂蜜，均匀涂于伤面，烫伤初期每日涂 3 ~ 4 次，形成焦痂进行清洗消毒，再涂蜂蜜。烫伤部位如疼痛剧烈，可在蜂蜜中加少许冰片，以减轻疼痛。伤口如未感染，一般涂蜂蜜 3 天，伤面即可形成透明痂皮，1 周后焦痂会自行脱落，伤面康复。在治疗过程中，如伤口周围组织脱水，用生理盐水纱布湿敷即可。

用鸡蛋黄油涂擦伤面。鸡蛋黄油的制法是：将熟蛋黄放在锅内炒，至蛋黄油渗出时用铲压挤取油。如技术熟练，火候适当，一个鸡蛋黄可出油 5 ~ 8 毫升。

用中药粉敷伤面。取虎杖根、地榆、大黄等量，研成细粉用麻油调敷。也可用枯矾 15 克、花椒 30 克，炒至黄褐色时研成细末，再加冰片 3 克混匀，用麻油涂伤面。

第七节 人 工 呼 吸

一、人工呼吸

呼吸是人生命存在的征象。氧气通过呼吸道进入肺，再进入血液，运送到全身供组织细胞利用；代谢过程所产生的二氧化碳，也要通过呼吸排出体外。成年人，每分钟呼约 16 ~ 18 次，在劳动、跑步等情况下呼吸加快。儿童每分钟呼吸 30 次，而婴儿常达 40 ~ 50 次。

人的心脏和大脑需要不断地供给氧气。如果中断供氧 3 ~ 4 分钟就会造成不可逆性损害。所以在某些意外事故中，如触电、溺水、脑血管和心血管意外，一旦发现心跳呼吸停止，首要的抢救措施就是迅速进行人工呼吸（如图 7-1）和胸外心脏按压（如图 7-2），以保持有效通气和血液循环，保证重要脏器的氧气供应。人工呼吸就是用人为的力量来帮助伤员进行呼吸，最后使其恢复自主呼吸的一种急救方法。

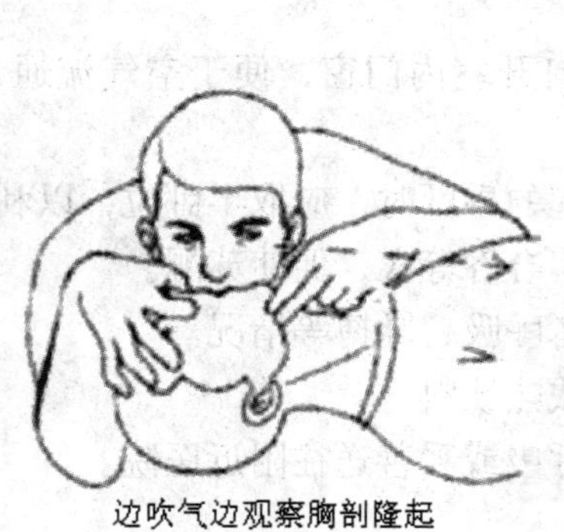

图 7-1　人工呼吸

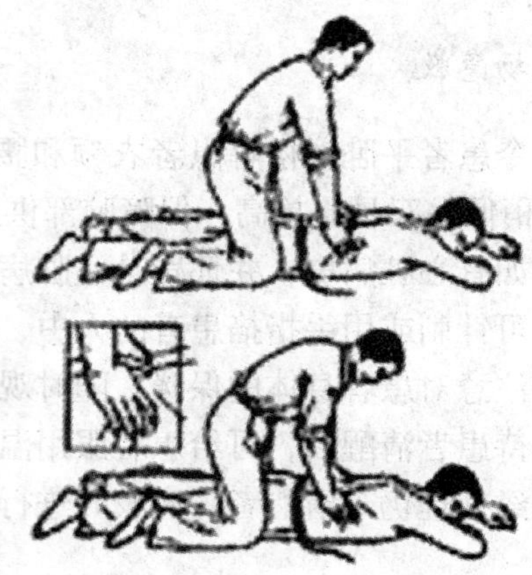

图 7-2　胸外心脏按压

二、人工呼吸方法

人工呼吸方法很多，有口对口吹气法、俯卧压背法、仰卧压胸法，但以口对口吹气法式人工呼吸最为方便和有效。

1. 口对口吹气法

（1）判定意识：首先判定病人有无意识，轻拍病人肩部，但不可用力过重，尤其是骨折病人更要注意。同时高喊：你醒醒！或直呼其名。

（2）呼救：一个人做人工呼吸不能坚持太久，可同时叫人拨打 120 电话。遇急救病人，最好边救护，边呼救请人帮助。

（3）病人仰卧在坚硬的平面上：

1）病人仰卧：病人必须仰卧在地板、木板床上，而不要仰卧在沙发或弹簧床上。病人的头、颈、躯干平卧无扭曲，双手放在躯干两侧。

2）翻转成仰卧位：如病人是俯卧或侧卧，需将其翻转成仰卧位。翻转时抢救者先跪于病者一侧的肩、颈部，将其两上肢向头部方向伸直，然后将其离抢救者较远的小腿放在另一小腿上，两腿交叉，再用一只手托住病人的后头、颈部，另一只手托住病人离抢救者较远的腋下，使头、颈、肩、躯干呈一整体同时翻转成仰卧位。最后，把其两臂还原放回身体两侧。

（4）畅通呼吸道：

1）要求：畅通呼吸道要在 3 ~ 5 秒内完成，并保持心肺复苏的全过程。

2）方法：先将病人衣领扣、领带、围巾、胸罩等解开，最好能暴露胸部或仅留内衣（气温低时注意保暖）。迅速清除病人口、鼻内的污泥、土块、痰、呕吐物及假牙等物。感觉有无气流拂面，无者为呼吸停止。

（5）仰头举颌：

由于意识丧失、舌肌松弛、舌根后坠造成气道阻塞，应给病人仰头举颌。救者一手置于病人前额并下压，使其头后仰，另一手的食指、中指放于病人靠近颌部的下颌骨下方，将颌部抬起，帮助头后仰。后仰程度以下颌角和耳垂连线与地面垂直为宜，不能过度后仰，尤其婴儿头部轻轻后仰即可。还要注意手指不要深压颌下软组织，以免阻塞气道，口腔闭合。

（6）确定病人呼吸是否停止（要求3~5秒内完成）：可按一听、二感觉、三看的方法判断。侧头用耳部贴近病人口鼻处，听有无气流声，且感觉有无气流拂面，无者为呼吸停止。观察病人胸部（或上腹部）有无起伏，无者为呼吸停止。

（7）救者跪于病人右肩、颈部：救者两腿自然分开与肩同宽，跪于病人一侧头部水平位。

（8）捏住病人鼻孔：救者左手的拇指、食指捏紧鼻翼下端，以防吹气时气体从鼻孔跑掉，同时转头深吸一口气。

（9）缓慢持续吹气。

（10）准备再次吹气：立即抬起嘴、松开捏鼻孔的手指，转头深吸一口气。

（11）注意事项：

1）开始做人工呼吸时，要连续吹气2次。

2）成人（8岁以上）每5秒吹气1次，每分钟吹气12~16次。

3）儿童（1~8岁）每4秒吹气1次，每分钟吹气16~18次。

4）婴儿（1岁以下）每3秒吹气1次，每分钟吹气20~24次。

5）直至病人自主呼吸恢复或有人接替为止。

6）不断检查脉搏和呼吸。

2. 口对口、鼻吹气法

此法适用于婴儿的人工呼吸。因婴儿口、鼻之间的距离较近，抢救者用嘴把病儿的口、鼻同时遮住盖严，然后吹气。吹气时注意婴儿头不要过度后仰，观察胸部升涨情况，不要吹气过量，其他方法同口对口吹气法。

3. 口对鼻吹气法

如果病人牙关紧闭，口腔内有严重损伤时可用口对鼻吹气法进行人工呼吸。吹气时应使呼吸道畅通，此时让病人口部闭紧，施救者深吸气后向病人鼻孔吹气。呼气时，使病人口部张开，以利气体排出。观察患者的方法及其他方面注意事项同口对口吹气法。

第八节　急救电话的正确呼救

我国统一的急救电话号码是“120”。为使伤病员及时得到救治，在呼救“120”时要注意：

（1）确定对方是否是医疗救护中心。

（2）讲清伤病员所在的详细地址。如“××区××路××弄×号×室”，不能只交待在某桥下或在某厂家旁边等不确切地点。

（3）讲清伤病员的主要病情，如昏迷、头部外伤、中毒，使救护人员能作好救治设施的准备。

（4）告知呼救人的姓名及电话号码，如救护人员找不到伤病员时，可及时与呼救人联系。

（5）若是成批伤病员，必须报告事故缘由，如车祸、房屋倒塌、中毒等，并报告伤病员的大致数目，以便“120”调集救护车辆、报告政府部门及通知医院做好抢救准备。

（6）挂断电话后，应派人在住宅门口或交叉路口等候，以便引导救护车出入。

（7）准备好伤病员随带的物品，若是断肢的伤病员，要带上断离的肢体等，并确定1~2人陪同前往医院。

（8）如果在呼救20分钟内救护车仍未到达，可再次拨打“120”。若伤病员情况允许，不要另找其他车辆。

习　题

问答题

1. 常见急救的最基本方法有哪些？
2. 被狗咬伤后，需采取哪些紧急措施？
3. 人工呼吸的方法有几种？
4. 怎样正确呼救120？

第八章 自然灾害

“自然灾害”是人类所依赖的自然界中所发生的异常现象，自然灾害对人类社会所造成的危害往往是触目惊心的。它们之中既有地震、火山爆发、泥石流、海啸、台风、洪水等突发性灾害；也有地面沉降、土地沙漠化、干旱、海岸线变化等在较长时间内才能逐渐显现的渐变性灾害；还有臭氧层变化、水体污染、水土流失、酸雨等人类活动导致的环境灾害。这些自然灾害和环境破坏之间又有着复杂的相互联系。人类从科学的意义上认识这些灾害的发生、发展以及尽可能减小它们所造成的危害，已是国际社会的一个共同主题。

中国自然灾害种类繁多。地震、台风、暴雨、洪水、内涝、高温、雷电、大雾、灰霾、泥石流、山体滑坡、海啸、道路结冰、龙卷风、冰雹、暴风雪、崩塌、地面塌陷、沙尘暴等等，每年都会在全国或局部地区发生，造成大范围的损害或局部地区的毁灭性打击。

【案例链接】2008 年 5 月 12 日 14 时 28 分 04 秒，8 级强震猝然袭来，大地颤抖，山河移位，满目疮痍，生离死别...... 西南处，国有殇。这是新中国成立以来破坏性最强、波及范围最大的一次地震。地震重创约 50 万平方公里的中国大地！

截至 2008 年 4 月 25 日 10 时，遇难 69225 人，受伤 374640 人，失踪 17939 人。其中四川省 68712 名同胞遇难，17921 名同胞失踪，共有 5335 名学生遇难或失踪。直接经济损失达 8451 亿元。

截至 2009 年 6 月 4 日晚 23 时，河南省因强对流天气死亡人数增至 22 人，其中商丘地区报告死亡 18 人，开封地区报告死亡 2 人，济源市新报告死亡 2 人。

据湖北省防旱抗汛指挥部办公室 2009 年 6 月最新通报，湖北近期发生的 3 次较强降雨引发了局部较重暴雨洪涝灾害。暴雨覆盖全省 86 个县市区，截至目前共造成 5 人死亡、6 人失踪，170.7 万人受灾。

第一节 地 震

地震是地球内部介质局部发生急剧的破裂，产生的震波，从而在一定范围内引起地面振动的现象。

如何进行灾前准备，如何尽最大可能逃过灾难，是我们中职生应了解的基本知识。

一、地震的前兆

大震前，飞禽走兽、家畜家禽、爬行动物、穴居动物和水生动物往往会有不同程度的异常反应。大震前动物异常表现有情绪烦躁、惊惶不安，或是高飞乱跳、狂奔乱叫，或是萎靡不振、迟迟不进窝等。动物异常观测对地震预报具有一定的意义。震区群众总结出这样的谚语：震前动物有预兆，抗震防灾要搞好；牛羊驴马不进圈，老鼠搬家往外逃；鸡飞上树猪拱圈，鸭不下水狗狂叫；兔子竖耳蹦又撞，鸽子惊飞不回巢；冬眠长蛇早出洞，鱼儿惊惶水面跳；家家户户要观察，综合异常做预报。

大震前，地下含水层在构造变动中受到强烈挤压，从而破坏了地表附近的含水层的状态，使地下水重新分布，造成有的区域水位上升，有些区域水位下降。水中化学物质成分的改变，使有些地下水出现水位变异颜色改变，出现水面浮“油花”，打旋冒气泡等。地下水位和水化学成分的震前异常，在活动断层及其附近地区比较明显，极震区更常集中出现。灾区群众说：井水是个宝，前兆来得早；无雨泉水浑，天干井水冒；水位升降大，翻花冒气泡；有的变颜色，有的变味道；天变雨要到，水变地要闹。

二、防范与应急

1. 地震发生前的避灾措施

家中应准备救急箱及灭火器，需留意灭火器的有效期限，并告知家人所储放的地方，了解使用方法；知道瓦斯、自来水及电源安全阀如何开关；家中高悬的物品应该绑牢，橱柜门窗宜锁紧；在任何地点都要了解所处的环境，并注意逃生路线，平时需做事发的演习；若家人分散了，决定好何时何地会面；不要在地震过后就立刻使用电话；若有家庭成员不会说汉语，替他们准备好书面的紧急卡，注明联络地址电话；每半年与家人举行一次地震演习：蹲下、找寻保护物并保持冷静；重要文件资料（例如银行账户等）做备份放在安全的储物盒中，置于其他城镇；地震前先打电话给当地红色十字会或相关机构，询问紧急的避难所及救护机构在何地；了解最近的警察局及消防队在何地；给有价物品做照片或影片备份；多准备一副眼镜及车钥匙摆在手边，准备一些现金及零钱在身边，以免停电时无法使用提款机。

2. 地震发生时的避灾措施

（1）如果你在室内：蹲下，寻找掩护，利用写字台、桌子或者长凳下的空间，或者身子紧贴内部承重墙作为掩护，然后双手抓牢固定物体。如果附近没有写字台或桌子，用双臂护住头部、脸部，蹲伏在房间的角落。远离玻璃制品、建筑物外墙、门窗以及其他可能坠落的物体，例如灯具和家具。如果地震发生时你在床上，请待在那里不要动，抓紧枕头保护住你的头部；如果你上方有可能坠落的重型灯具，请转移至最近的安全地带。在晃动停止并确认户外安全后，方可离开房间。地震中的大多数伤亡，是在人们进出建筑物时被坠物击中造成的。要意识到可能会断电，火警以及自动喷淋装置可能会启动。切勿使用电梯逃生。

（2）如果你在室外：待在原地不要动。远离建筑区、大树、街灯和电线电缆。

（3）如果你在开动的汽车上：在确保安全的情况下，尽快靠边停车，留在车内；不要把车停在建筑物下、大树旁、立交桥或者电线电缆下；不要试图穿越已经损坏的桥梁；地震停止后小心前进，注意道路和桥梁的损坏情况。

（4）如果你被困在废墟下：不要点火柴；不要向周围移动，避免扬起灰尘；用手帕或布遮住口部；敲击管道或墙壁以便救援人员发现你。可能的话，请使用哨子。在其他方式都不奏效的情况下再选择呼喊，因为喊叫可能使人吸入大量有害灰尘并消耗体能。

3. 地震发生后的避灾自救措施

查看周围的人是否受伤，如有必要，予以急救，或协助伤员就医；检查家中水、电、瓦斯管线有无损害，如发现瓦斯管有损，轻轻将门窗打开，立即离开并向有关部门报告；打开收音机，收听紧急情况指示及灾情报道；检查房屋结构受损情况，尽快离开受损建筑物；尽可能穿着皮鞋、皮靴，以防震碎的玻璃及碎物弄伤腿脚；保持救灾道路畅通，徒步避难；听从紧急救援人员的指示疏散；远离海滩、港口以防海啸的侵袭；地震灾区，除非经过许可，请勿进入，并应严防歹徒趁机掠夺；注意余震的发生。

第二节　洪　涝

【案例链接】2008年5月25日至27日，贵州省黔西南布依族苗族自治州望谟县、安顺市紫云苗族布依族自治县、毕节地区织金县等17个县市遭受洪涝风暴灾害袭击，已造成18人死亡，12人失踪，166人受伤，4600多人被紧急转移安置，如图8-1。

图8-1　2008年5月27日，贵州安顺市郊区一个村寨的房屋被淹

截至2005年6月23日16时，全国有22个省（自治区、直辖市）发生不同程度的洪涝灾害，农作物受灾面积3100.30千公顷，成灾1266.86千公顷，受灾人口4437.61万人，死亡536人，失踪137人，直接经济损失203.52亿元。

一、洪涝的成因

自古以来，洪涝灾害一直是阻碍人类社会发展的自然灾害。我国有文字记载的最早和洪水斗争的史料即大禹治水。时至今日，洪涝依然是对人类影响最大的灾害。

洪涝灾害具有双重性，既有自然性，又有社会性。它的形成必须具备两方面的条件：第一，自然条件：洪水是形成洪涝灾害的直接原因。只有当洪水自然变异强度达到一定的标准，才可能出现灾害。主要影响因素有地理位置、气候条件和地形地势。第二，社会条件：只有当洪水发生在有人类活动的地方才能成灾。受洪水威胁最大的地区往往是江河中下游地区，而中下游地区因其水源丰富、土地平坦又常常是经济发达的地区。

二、洪涝的防治

洪涝灾害的防治工作包括两个方面：一方面减少洪涝灾害发生的可能性；另一方面尽可能使已发生的洪涝灾害造成的损失降到最低。

加强堤防建设、河道整治以及水库工程建设是避免洪涝灾害的直接措施，长期持久地进行水土保持可以很大程度上减少洪涝发生的机会。

切实做好洪水、天气的科学预报与滞洪区的合理规划可以减轻洪涝灾害的损失。建立防汛抢险的应急体系，是减轻灾害损失的最好措施。

三、洪涝中的自救与逃生

（1）不要惊慌，冷静观察水势和地势，然后迅速向附近的高地、楼房转移。如洪水来势很猛，且附近无高地、楼房可避，可抓住有浮力的物品如木盆、木椅、木板等。必要时爬上高树也可暂避。

（2）切记不要爬到土坯房的屋顶，这些房屋浸水后容易倒塌。

（3）为防止洪水涌入室内，最好用装满沙子、泥土和碎石的沙袋堵住大门下面的所有空隙。如预料洪水还要上涨，窗台外也要堆上沙袋。

（4）如洪水持续上涨，应注意在自己暂时栖身的地方储存一些食物、饮用水、保暖衣物和扫水用具。

（5）如水灾严重，所在之处已不安全，应考虑自制木筏逃生。床板、门板、箱子等都可用来制作木筏，划桨也必不可少。也可考虑使用一些废弃轮胎的内胎制成简易救生圈。逃生前要多收集些食物、发信号用具（如哨子、手电筒、颜色鲜艳的旗帜或床单等）。

（6）如洪水没有漫过头顶，且周边树木比较密集，可考虑用绳子逃生。找一根比较结实且足够长的绳子（也可用床单、被单等撕开替代），先把绳子的一端拴在屋内比较牢固的地方，然后牵着绳子走向最近的一棵树，把绳子在树上绕若干圈后再走向下一棵树，如此重复，逐渐转移到地势较高的地方。

（7）离开房屋逃生前，要多吃高热量食物，如巧克力、糖、甜点等，并喝些热饮料，以增强体力。注意关掉煤气阀、电源总开关。如时间允许，可将贵重物品用毛毯卷好，藏在柜子里。出门时关好房门，以免物品随水漂走。

第三节　台　风

截至2007年8月21日18时统计，9号台风“圣帕”已造成福建、浙江、江西、湖南4省36人死亡，9人失踪，紧急转移安置137.3万人；农作物受灾面积313.9千公顷，其中绝收42.4千公顷；倒塌房屋1.6万间，损坏房屋4.5万间；直接经济损失49.7亿元。

【案例链接】中国台湾网2008年7月30日消息，第八号热带风暴台风“凤凰”侵台，据相关部门统计，截至30日10时止，农业作物估计损失及民间设施毁损计8亿9205万元（新台币，下同），其中花莲县损失达3.01亿元，嘉义县1.08亿元。

据浙江省气象台2008年7月29日1点发布的热带风暴警报，第八号热带风暴“凤凰”29日16点中心位置位于福建邵武境内，如图8-2所示，这次“凤凰”台风灾害已造成浙江直接经济损失达9.83亿元。其中，农业直接经济损失3.82亿元，工业直接经济损失2.88亿元，水利设施直接经济损失1.96亿元。浙江至今未接到因灾死亡人员的报告。

图8-2　2008年7月28日，受台风“凤凰”外围影响，
浙江省温州市洞头海域风力大增，掀起巨浪

据福建省气象台2008年7月29日10时初步统计，该省福州、宁德、莆田、泉州、三明五个设区市共有22个县（市、区）、181个乡镇、45.95万人受灾，房屋倒塌110间；紧急转移39.07万人；农作物受灾16.84千公顷，成灾5.72千公顷；水产养殖损失面积2.41千公顷、6.32万吨；停产工矿企业66个，直接经济损失5.03亿元，其中水利设施直接经济损失0.78亿元。

一、台风的成因

台风是发生在北太平洋西部热带洋面上的一种很猛烈的大风暴，如图8-3所示。这种热带气旋在中国称台风，在美洲被叫做飓风，在南亚则称旋风。在海洋的某些区域里面，由于海水被太阳晒得很热，海面上的空气就向高空直升，这时在它周围较冷的空气乘势补缺，一齐朝中心流动，由于地球自转，使空气成逆时针方向剧烈旋转。它一边旋转，一边朝西或者西北方向移动，越转越快，越转越大。台风中心就是这个旋转空气区域的最中心，它的气压极低，风力很微弱，其中心范围大约为直径10公里的圆面积内，但在中心区域外，它的风力就大了。“台风边缘”是指靠台风外缘风力达到六级的区域。台风造成的灾害以狂风和暴雨最为显著，有时会引起浪潮，使海水倒灌。台风中心附近风力经常在十级以上，并有暴雨，在海洋上能掀起山岳般的巨浪。

图 8-3 台风实图

二、台风预警信号

一旦台风来临，受台风影响地区的气象部门会及时发布台风预警信号，提醒有关单位和人员做好防范准备。台风预警信号由低至高共分为蓝、黄、橙、红四级。

台风蓝色预警信号：24小时内可能受热带气旋影响，平均风力可达6级以上，或阵风7级以上；或者已经受到热带气旋影响，平均风力为6至7级，或阵风7至8级并可能持续。

台风黄色预警信号：24小时内可能受热带气旋影响，平均风力可达8级以上，或阵风9级以上；或者已经受到热带气旋影响，平均风力为8至9级，或阵风9至10级并可能持续。

台风橙色预警信号：12小时内可能受热带气旋影响，平均风力可达10级以上，或阵风11级以上；或者已经受到热带气旋影响，平均风力为10至11级，或阵风11至12级并可能持续。

台风红色预警信号：6小时内可能受热带气旋影响，平均风力可达12级以上；或者已经12级以上并可能持续。

另外，气象部门根据编号热带气旋的强度和登陆时间、影响程度分别发布消息、警报和紧急警报。当远离或尚未影响到预报责任区时，根据需要发布“消息”，报道编号热带气旋的情况，警报解除时也可用“消息”方式发布；发布“警报”是指：预计未来48小时内将影响本责任区的沿海地区或登陆时发布警报；发布“紧急警报”是指：预计未来24小时内将影响本责任区的沿海地区或登陆时发布警报。

三、防范与应急

（1）气象台根据台风可能产生的影响，在预报时可采用“消息”、“警报”和“紧急警报”三种形式向社会发布；同时，按台风可能造成的影响程度，从轻到重向社会发布“蓝、黄、橙、红”四色台风预警信号。公众应密切关注媒体有关台风报道，及时采取预防措施。

（2）台风来临前，应准备好手电筒、收音机、食物、饮用水及常用药品等，以备急需。

（3）关好门窗，检查门窗是否坚固；取下悬挂的东西；检查电路、炉火、煤气等设施是否安全。

（4）将养在室外的动植物及其他物品移至室内，特别是要将楼顶的杂物搬进来；室外易被吹动的东西要加固。

（5）不要去台风经过的地区旅游，更不要在台风影响期间到海滩游泳或驾船出海。

（6）住在低洼地区和危房中的人员要及时转移到安全住所。

（7）及时清理排水管道，保持排水畅通。

（8）有关部门要做好户外广告牌的加固；建筑工地要做好临时用房的加固，并整理、堆放好建筑器材和工具；园林部门要加固城区的行道树。

（9）遇到危险时，请拨打当地政府的防灾电话求救。

第四节 泥 石 流

【案例链接】2007 年 12 日早上 5 时 36 分，山东威海地方铁路——桃威铁路 27 公里 950 米处连续发生 3 次山体滑坡，途经此处的 N385 次列车受阻。经工务抢险队、民警、驻烟台官兵全力抢修排险，14 时 47 分，该线全线贯通。

12 日早上，N385 次列车驶入桃威铁路康家夼村附近的一弯路段，司机由于视线受阻，列车即将驶入隧道时，司机才猛然发现大量泥石堆积在铁道上，司机当即采取紧急刹车。5 时 36 分，列车止住，第二节车厢陷在泥石流中。经检查，1200 多名旅客中无人员受伤。机务人员和武警抢险队立即开始清理，如图 8-4 所示，20 多分钟后，正当泥石快被清理完毕时，该处山坡再次滑下大量泥石流，列车长迅速将情况向上汇报。7 时许，该处山坡又滑下了第三批泥石流，据事后统计，三批泥石流总共约 1000 立方米。

图 8-4 武警战士正在清理山东威海被泥石流困住的列车

一、泥石流的成因

泥石流是介于流水与滑坡之间的一种地质作用。典型的泥石流由悬浮着粗大固体碎屑物并富含粉沙及粘土的粘稠泥浆组成。在适当的地形条件下，大量的水体浸透山坡或沟床中的固体堆积物质，使其稳定性降低，饱含水分的固体堆积物质在自身重力作用下发生流动，形成泥石流。泥石流是一种灾害性的地质现象。泥石流经常突然爆发，来势凶猛，可携带巨大的石块，并以高速前进，具有强大的能量，因而破坏性极大。泥石流所到之处，一切尽被摧毁。

二、防范与应急

1. 减轻泥石流灾害应以防护、避让为主

保护环境，有计划地整治江河与山沟，封山育林，退耕还林，固结表土，保持水土，使泥石流不具备产生的条件。

在泥石流发生分布区，工矿、村镇、铁路、公路、桥梁、水库的选址、旅游开发等一定要在查明泥石流沟谷及其危害状况的情况下进行，尽量避开造成直接危害的地区与地段。

2. 保持警惕，及时转移

前往山区沟谷时，一定要事先了解当地的近期天气实况和未来数日的天气预报及地质灾害气象预报。应尽量避免大雨天或连续阴雨天去这些地区。如恰逢恶劣天气，宁可蒙受经济损失，调整外出路线，也不可贸然前往。

正确判断泥石流的发生时间，及时防范。坡度较陡或坡堤成孤立山嘴或微凹形陡坡、坡体上有明显的裂缝、坡堤前不存在临空空间或有崩塌物，这说明曾经发生过滑坡或崩塌，今后还可能再次发生；河流突然断流或水势突然加大，并夹有较多柴草、树木，深谷或沟内传来类似火车的轰鸣或闷雷般的声音，沟谷深处突然变得昏暗，还有轻微震动感，这些迹象都能确认沟谷上游已发生泥石流。

3. 采取正确的逃生方法

泥石流发生时，选择最短最安全的路径向沟谷两侧山坡或高地跑，切忌顺着泥石流前进方向奔跑；不要停留在坡度大，土层厚的凹处；不要上树躲避，因泥石流可扫除沿途一切植物；避开河（沟）道弯曲的凹岸或地方狭小高度又低的凸岸；不要躲在陡峻山体下，防止坡面泥石流崩塌的发生；长时间降雨或暴雨渐小之后或雨刚停，不能马上返回危险区，泥石流常滞后于降雨爆发；白天降雨较多，晚上或夜间密切注意雨情，然后提前转移、撤离；人们在山区沟谷中游玩时，切忌在沟道处或沟内低平处搭建宿营棚。游客切忌在危岩附近停留，不能在凹形陡坡危岩突出的地方避雨、休息和穿行，不能攀登危岩。

第五节 雷　　击

【案例链接】2007 年 5 月 23 日下午 4 时许，重庆市开县义和镇兴业村遭遇雷电袭击，造成兴业村小学四、六年级共四十六名学生被雷电击中。经医生现场查验发现，此次雷击事故造成七名学生死亡，三十九名学生不同程度受伤。

2007 年 7 月 9 日晚 8 时左右，广西全州县大西江镇锦塘村委王家自然村电闪雷鸣，雷电击中该村一棵千年古樟，约 10 米高的树身开裂。村中百余住户的电视机、冰箱、电话遭损毁，所幸无人员伤亡。

一、雷击的成因

引起雷击的原因很多，主要与上升气流有关。夏天地面受到太阳照射变热，地面水分蒸发，水蒸汽向上升，遇到上空的冷空气，变为冰粒。这些冰粒会带电，正电的冰粒会与负电的冰粒互相撞击，发出极大的声响，这即是打雷，打雷会引起雷击。太平洋沿岸，6 月到 9 月正午到傍晚，常发生雷击。

预知打雷和雷击很重要。如果看到天空积雨云变大变黑，就要想办法到安全地方躲一躲。如果带小型收音机收听广播时，有刺耳的杂音，即表示附近有雷云。如果忽然下大颗雨滴，也是要打雷的表现。

二、防范与应急

有雷击发生时，我们可以采取以下措施加强自我保护：

（1）远离建筑物的避雷针及其接地线，这样做是为了防止雷电反击和跨步电压伤人。

（2）远离各种天线、电线杆、高塔、烟囱、旗杆，如有条件，应进入有防雷设施的建筑物。金属壳的汽车、船只、带帆布的篷车、拖拉机、摩托车等在雷电发生时是比较危险的，应尽快远离。

（3）尽量远离山丘、海滨、河边、池塘边，尽量离开孤立的树木和没有防雷装置的孤立建筑物，铁围栏、铁丝网、金属晒衣绳旁边也很危险。

（4）雷雨天气尽量不要在旷野行走，外出时应穿塑料材质等防水的雨衣，不要骑在牲畜上或骑在自行车上，不要用金属杆的雨伞，不要把带有金属的工具如铁锹、锄头扛在肩上。

（5）人在遭受雷击前，会有突然头发竖起或皮肤颤动的感觉，这时应立刻躺倒在地或选择低洼处蹲下，双脚并拢，双臂抱膝，头部下俯，尽量降低自身位势、缩小暴露面。

（6）如果雷雨天气呆在室内，并不表示万事大吉，必须关好门窗，防止球形雷窜入室内造成危害；把电视机室外天线在雷雨天与电视机脱离，而与接地线连接；尽量停止使用电器，拔掉电源插头；不要打电话和手机；不要靠近室内金属设备（如暖气片、自来水管、下水管等）；不要靠近潮湿的墙壁，如图 8-5 所示。

图 8-5　雷击的防范

三、当碰到有人遭雷击时，可采取以下措施

（1）人体在遭受雷击后，往往会出现“假死”状态，此时应采取紧急措施进行抢救。立即进行人工呼吸，雷击后进行人工呼吸的时间越早，对伤者的身体恢复越好，因为人脑缺氧时间超过几十分钟就会有致命危险。

（2）应对伤者进行心脏按摩，并迅速通知医院进行抢救处理。

（3）如果伤者遭受雷击后引起衣服着火，此时应马上让伤者躺下，以使火焰不致烧伤面部，并往伤者身上泼水，或者用厚外衣、毯子等把伤者裹住，以扑灭火焰。

【阅读材料】

地球可分为三层。中心层是地核；中间是地幔；外层是地壳。地震一般发生在地壳之中。地壳内部在不停地变化，由此而产生力的作用，使地壳岩层变形、断裂、错位，于是便发生地震。超级地震指的是震波极其强烈的大地震。但其发生占总地震 7%～21%，破坏程度是原子弹的数倍，所以超级地震影响十分广泛，也十分具破坏力。

地震是地球内部介质局部发生急剧的破裂，产生的震波，从而在一定范围内引起地面振动的现象。地震（earthquake）就是地球表层的快速振动，在古代又称为地动。它就像海啸、龙卷风、冰冻灾害一样，是地球上经常发生的一种自然灾害。大地振动是地震最直观、最普遍的表现。在海底或滨海地区发生的强烈地震，能引起巨大的波浪，称为海啸。地震是极其频繁的，全球每年发生地震约 550 万次。

震级是指地震的大小，是表征地震强弱的量度，是以地震仪测定的每次地震活动释放的能量多少来确定的。

中国地震烈度表

1 度：无感——仅仪器能记录到；

2 度：微有感——个特别敏感的人在完全静止中有感；

3 度：少有感——室内少数人在静止中有感，悬挂物轻微摆动；

4 度：多有感——室内大多数人，室外少数人有感，悬挂物摆动，不稳器皿作响；

5 度：惊醒——室外大多数人有感，家畜不宁，门窗作响，墙壁表面出现裂纹

6 度：惊慌——人站立不稳，家畜外逃，器皿翻落，简陋棚舍损坏，陡坎滑坡；

7 度：房屋损坏——房屋轻微损坏，牌坊，烟囱损坏，地表出现裂缝及喷沙冒水；

8 度：建筑物破坏——房屋多有损坏，少数破坏路基塌方，地下管道破裂；

9 度：建筑物普遍破坏——房屋大多数破坏，少数倾倒，牌坊，烟囱等崩塌，铁轨弯曲；

10 度：建筑物普遍摧毁——房屋倾倒，道路毁坏，山石大量崩塌，水面大浪扑岸；

11 度：毁灭——房屋大量倒塌，路基堤岸大段崩毁，地表产生很大变化；

12 度：山川易景——一切建筑物普遍毁坏，地形剧烈变化，动植物遭毁灭。

例如，1976 年唐山地震，震级为 7.8 级，震中烈度为十一度，受唐山地震的影响，天津市地震烈度为八度，北京市烈度为六度，再远到石家庄、太原等就只有四至五度了。

地震的成因和类型

地震分为天然地震和人工地震两大类。此外，某些特殊情况下也会产生地震，如大陨石冲击地面（陨石冲击地震）等。引起地球表层振动的原因很多，根据地震的成因，可以把地震分为以下几种：

1. 构造地震

由于地下深处岩石破裂、错动把长期积累起来的能量急剧释放出来，以地震波的形式向四面八方传播出去，到地面引起的房摇地动称为构造地震。这类地震发生的次数最多，破坏力也最大，约占全世界地震的 90% 以上。

2. 火山地震

由于火山作用，如岩浆活动、气体爆炸等引起的地震称为火山地震。只有在火山活动区才可能发生火山地震，这类地震只占全世界地震的 7% 左右。

3. 塌陷地震

由于地下岩洞或矿井顶部塌陷而引起的地震称为塌陷地震。这类地震的规模比较小，次数也很少，即使有，也往往发生在溶洞密布的石灰岩地区或大规模地下开采的矿区。

4. 诱发地震

由于水库蓄水、油田注水等活动而引发的地震称为诱发地震。这类地震仅仅在某些特定的水库库区或油田地区发生。

5. 人工地震

地下核爆炸、炸药爆破等人为引起的地面振动称为人工地震。人工地震是由人为活动引起的地震。如工业爆破、地下核爆炸造成的振动；在深井中进行高压注水以及大水库蓄水后增加了地壳的压力，有时也会诱发地震。

汶川大地震是中华人民共和国自建国以来影响最大的一次地震。震级是自 1950 年 8 月 15 日西藏墨脱地震（8.5 级）、和 2001 年昆仑山大地震（8.1 级）后的第三大地震，直接严重受灾地区达 10 万平方公里。

汶川地震成因：印度板块向亚洲板块俯冲，造成青藏高原快速隆升导致地震。高原物质向东缓慢流动，在高原东缘沿龙门山构造带向东挤压，遇到四川盆地之下刚性地块的顽强阻挡，造成构造应力能量的长期积累，最终在龙门山北川－映秀地区突然释放，形成逆冲、右旋、挤压型断层地震。四川特大地震发生在地壳脆－韧性转换带，震源深度为10千米~20千米，持续时间较长，因此破坏性巨大。

汶川地震类型：汶川大地震为逆冲、右旋、挤压型断层地震。

习　题

问答题

1. 发生地震时，应采取哪些措施？
2. 台风预警信号有哪几类？
3. 泥石流的形成原因？
4. 当雷击发生时，可采取哪些保护措施？

第九章　传染病防治

第一节　传　染　病

一、什么是传染病

传染病是由病原体（细菌、病毒等）引起的，能在人与人、动物与动物或人与动物之间相互传染的疾病。它是许多种疾病的总称。如麻疹、猩红热、痢疾、伤寒、流行性脑脊髓膜炎、流行性乙型脑炎等都属于传染病。

我国传染病防治法规定管理的传染病分为甲类、乙类和丙类，共35种。

甲类传染病是指：鼠疫、霍乱。

乙类传染病是指：病毒性肝炎、细菌性和阿米巴性痢疾、伤寒和副伤寒、艾滋病、淋病、梅毒、脊髓灰质炎、麻疹、百日咳、白喉、流行性脑脊髓膜炎、猩红热、流行性出血热、狂犬病、钩端螺旋体病、布鲁氏菌病、炭疽、流行性和地方性麻彦伤寒、流行性乙型脑炎、黑热病、疟疾、登革热。

丙类传染病是指：肺结核、血吸虫病、丝虫病、包虫病、麻风病、流行性感冒、流行性腮腺炎、新生儿破伤风、急性出血性结膜炎以及除霍乱、痢霖、伤寒和副伤寒以外的感染性腹泻。

二、传染病的特点

（1）有病原体：每一种传染病都有它特异的病原体。比如水痘的病原体是水痘病毒，猩红热的病原体是溶血性链球菌。病原体主要分为细菌、病毒（比细菌小、无细胞结构）、真菌（癣的病原体）、原虫（疟原虫）、蠕虫（蠕虫病的病原体）。

（2）有传染性：传染病的病原体可以从一个人经过一定的途径传染给另一个人。

（3）有免疫性：大多数患者在疾病痊愈后，都可产生不同程度的免疫力。

（4）可以预防：通过控制传染源，切断传染途径，增强人的抵抗力等措施，可以有效地预防传染病的发生和流行。

三、传染病流行的条件

传染病的流行，必须有传染源、传播途径和易感人群三个环节同时作用。这三个基本环节存在以后，是否发生流行，以及流行过程的性质与强弱，还与当时的自然因素及社会因素有关。

（1）传染源：简单地讲就是传染病病原体（如细菌、病毒等）的来源。人所患传染病的传染源有人和动物。人作为传染源，包括患传染病的人，病原携带者（即无症状而能排出病原体的人）。许多动物的传染病也可以传染给人。

（2）传播途径：我们知道，在流行性感冒流行时，和患流感的人在一起，他打几个喷嚏就能使你患感冒。如果一个餐厅食品不卫生，可以引起很多人同时患肠胃病。这种经过飞沫、饮食等引起传染病流行、播散的途径就称之为传播途径。这些传播途径主要可概括为：

1）空气飞沫传播。病原体由传染源通过咳嗽、喷嚏、谈话排出的分泌物和飞沫，使易感者吸入受感染。流脑、猩红热、百日咳、流感、麻疹等病通过此方式传播。

2）经动物传播。原体在昆虫体内繁殖，完成其生活周期，通过不同的侵入方式使病原体进入易感者体内。蚊、蚤、蜱、恙虫、蝇等昆虫为重要传播媒介。如蚊传播痢疾、丝虫病和乙型脑炎等；蜱传播回归热；虱传播斑疹伤寒；蚤传播鼠疫；恙虫传播恙虫病。由于病原仫在昆虫体内的繁殖周期中的某一阶段才能造成传播，故称生物传播。病原体通过蝇机械携带传播于易感者称机械传播，如菌痢、伤寒等。

3）经水和食物传播。病原体借粪便排出体外，污染水和食物，易感者通过水和食物被传染。菌痢、伤寒、霍乱、甲型毒性肝炎等病通过此方式传播。

4）经手及其他日常生活用品、玩具等传播。此外，还有经土壤、胎盘传染等等。

（3）易感人群：所谓易感人群，就是缺乏免疫力，在接触了传染源后容易发生传染病的人们。如出生后6个月以上未做预防接种的婴儿，对许多传染病都是易感的；个别传染病，如百日咳等，6个月以内婴儿也易于感染，这是因为在他们体内缺乏特异免疫力的缘故。

第二节 传染病的治疗方法

一、一般治疗

1. 隔离

根据传染病传染性的强弱，传播途径的不同和传染期的长短，患者可住相应隔离病室。隔离分为严密隔离、呼吸道隔离、消化道隔离、接触与昆虫隔离等。隔离的同时要做好消毒工作。

2. 护理

病室保持安静清洁，空气流通新鲜，使病人保持良好的休息状态。良好的临床护理，可谓治疗的基础。对休克、出血、昏迷、抽风、窒息、呼吸衰竭、循环障碍等专项特殊护理，对降低病死率，防止各种并发症的发生有重要意义。

3. 饮食

保证一定热量的供应，根据不同的病情给予流质、半流质软食等，并补充各种维生素。对进食困难的病人需喂食、鼻饲或静脉补给必要的营养品。

二、对症与支持治疗

1. 降温

对高热病人可用头部放置冰袋、酒精擦浴、温水灌肠等物理疗法，亦可针刺合谷、曲池、大椎等穴位，超高热病人可用亚东眠疗法，亦可间断肾上腺皮质刺激。

2. 纠正酸碱失衡及电解质紊乱

高热、呕吐、腹泻、大汗、多尿等所致失水、失盐酸中毒等，通过口服及静脉输注以及时补充纠正。

3. 镇静止惊

因高热、脑缺氧、脑水肿，脑疝等发生的惊厥或抽风，应立即采用降温、镇静药物、脱水剂等处理。

4. 心功能不全

应给予强心药，改善血循环，纠正与解除引起心功能不全的诸因素。

5. 呼吸衰竭

去除呼吸衰竭的方法：保持呼吸道通畅、吸氧、呼吸兴奋药或利用人工呼吸。

第三节　常见传染病的防治

一、流行性感冒

1. 流行感冒定义

流行性感冒（简称流感）是由流感病毒引起的急性呼吸道传染病。它的特点是潜伏期短，传播速度快，发病率高，患者表现为突然发烧、咽痛、干咳、乏力、球结膜发红、全身肌肉酸痛。一般持续数日全身不适，严重时可导致病毒性肺炎或肺部继发感染。对于年老体弱者来说，流感是一个威胁极大的传染病，因为它除了可引起发烧和周身不适外，还易使病人发生并发症，使原患有肺心病、冠心病的患者病情加重，甚至导致死亡。据有关资料报道，世界上最近几次的流感爆发中，都有千万人因患流感而死亡。

流感的流行具有明显的季节性，主要发生在冬春季。它的流行也有一定的规律性，一般3～5年形成一次小流行，8～10年形成一次大流行。对于流感的预防和控制，世界上目前多采用疫苗和药物预防两种措施。疫苗对甲、乙型流感均有预防作用，而预防流感的药物——金刚烷胺却只能对甲型流感有预防作用。我国目前对金刚烷胺的使用已较普遍，即在甲型流感爆发区域内对所有人员用抗病毒药物金刚烷胺做预防性投药，使流行的范围逐渐缩小，直至终止流行。但流感疫苗的使用，目前在国内还不广泛。

2. 流行性感冒的防治

食醋消毒法：可与药物预防结合使用。

（1）个人防护口、鼻洗漱法：食醋一份加开水一份等量混合，待温，于口腔及咽喉部含漱，然后用剩余的食醋冲洗鼻腔，每日早、晚各一次，流行期间连用5天。

（2）空间消毒法：这种方法使用于家庭住房，将食醋一份与水一份混合，装入喷雾器，于晚间休息前紧闭门窗后喷雾消毒。新式房屋或楼房每立方米的空间要喷原醋2～5毫升，老式房子每间按50～100毫升为宜，隔天消毒一次，共喷3次。在流行严重期间或家庭内部已出现病员的情况下，食醋的用量要增至每间房150～250毫升。

（3）住宅熏（煮）法：将门窗紧闭，把醋倒入铁锅或砂锅等容器，以文火煮沸，使醋酸蒸汽充满房间，直至食醋煮干，等容器晾凉后加入清水少许，溶解锅底残留的醋汁，再熏蒸，如此反复三遍；食醋用量为每间房屋150毫升，严重流行高峰期间可增加至250～300毫升，连用5天。

在空气消毒法中，可根据条件任意选择，如只有暖气设备而无火源时可采取空喷雾消毒法。在有火源而无喷雾器时，可采用熏蒸消毒法。这些方法的实施都很简便，也都具有消毒的实效。

除吃药预防以及个人口腔消毒预防、环境空气消毒预防外，还要注意在流感流行期间少去公共场所，减少感染机会。要注意体育锻炼，保证休息，增强体质。提高自己的身体抵抗力也是预防流感的主要措施。

二、禽流感

（1）禽流感的定义：是一种由甲型流感病毒的一种亚型（也称禽流感病毒）引起的传染性疾病，被国际兽疫局定为甲类传染病，又称真性鸡瘟或欧洲鸡瘟。按病原体类型的不同，禽流感可分为高致病性、低致病性和非致病性禽流感三大类。非致病性禽流感不会引起明显症状，仅使染病的禽鸟体内产生病原体。低致病性禽流感可使禽类出现轻度呼吸道症状，食量减少，产蛋量下降，出现零星死亡。高致病性禽流感最为严重，发病率和死亡率均高，感染的鸡群常常“全军覆没”。

（2）禽流感经过一些途径引起人发病：

1）经过呼吸道飞沫与空气传播。病禽咳嗽和鸣叫时喷射出带有H5N1病毒的飞沫在空气中漂浮，人吸入呼吸道被感染发生禽流感。

2）经过消化道感染，进食病禽的肉及其制品、禽蛋、病禽污染的水、食物，用病禽污染的食具、饮具或用被污染的手拿东西吃，受到传染而发病。

3）经过损伤的皮肤和眼结膜容易感染H5N1病毒而发病。

（3）预防人类禽流感可以从以下几个方面入手：首先，管理传染源：加强禽类疫情监测，对受感染动物应立即销毁，对疫源地进行封锁，彻底消毒；患者应隔离治疗，转运时应戴口罩。其次，切断传播途径：接触患者或患者分泌物后应洗手；处理患者血液或分泌物时应戴手套；被患者血液或分泌物污染的医疗器械应消毒；发生疫情时，应尽量减少与禽类接触，接触禽类时应戴上手套和口罩，穿上防护衣。

三、流行性乙型脑炎

（1）流行性乙型脑炎（简称乙脑），是我国夏秋季节常见，由虫媒病毒引起的急性中枢神经系统传染病。早期在日本发现，国际上亦称为“日本脑炎”，它通过蚊虫传播，多发生于儿童中，临床上以高热、意识障碍、抽搐、脑膜刺激为特征。常造成患者死亡或留下神经系统后遗症。

（2）动物和人均可作为它的传染源，其中猪与马是重要的传染源。主要通过蚊子（三带希库蚊等）叮咬传播，台湾螺线也传播此病。该病的潜伏期为4~21天，一般10天左右。整个病程分为三期：初期：病程第1~3天，高热、呕吐、头痛、嗜睡；极期：病程第4~10天；恢复期：多数人病人体温下降，神志逐渐清醒，语言功能及神经系统反射逐渐恢复，少数人留有失语、瘫痪、智力障碍等。经治疗在半年内恢复，半年后仍遗留上述症状称之为后遗症。

（3）可采取以下防疫措施：

1）预防接种：用乙脑灭活疫苗进行接种。疫苗免疫后一个月免疫力达高峰，故应在乙脑流行期开始前一个月完成接种。

2）灭蚊。

3）隔离病人至体温正常，隔离期应着重防蚊。

4）搞好畜类卫生，仔猪应注射谷用乙脑疫苗。

四、艾滋病

艾滋病即获得免疫缺乏症，是一种相对来说比较新的疾病。科学家认为，艾滋病是由一种病毒引起的，艾滋病病毒侵袭了免疫系统（即人体对疾病的内在防御系统），使免疫系统不能正常工作，所以艾滋病患者会由于患了其他人相当容易治愈的病而病入膏肓。艾滋病患者还可能患上免疫系统健全的人根本不会患上的某些罕见、威胁生命的疾病，艾滋病病毒还可能使大脑感染，造成严重和致命的脑部疾病。

有些艾滋病人起初没有任何症状，他们看起来良好并且自我感觉完全健康。有些人开始生病时则有一种或几种下列症状：腺状组织肿大、极度疲乏、没有食欲、体重意外地突然下降、盗汗、出皮疹、发烧、头痛、腹泻和舌上长白斑或白苔。这些症状中有许多在患有包括感冒和流感在内的较为常见的疾病时也能出现。他们的区别是，艾滋病症状持续时间比预期的要长。

当艾滋病病毒使免疫系统崩溃时，就会得其他疾病，引起其他症状。例如，许多艾滋病患者患一种罕见的癌症，致使体内或体外长粉红、褐色或紫红色的肿块；有些患者患一种罕见的肺炎，导致咳嗽、胸痛和呼吸困难；有些患者患脑部疾病，有个性改变、丧失记忆力等症状和其他精神病迹象。

目前还没有治愈艾滋病的药物和方法，但可以预防。避免艾滋病的最好的办法是通过教育改变个人行为，养成防治传染病的生活方式。有效地进行预防、控制艾滋病的健康教育，应向公众阐明艾滋病的危害，改变高危行为，激励人们克服不正确的观念，提高对艾滋病的警惕性，学习到保护自己的生存技能，避免受到感染。

五、乙肝

医学上肝炎可分为甲、乙、丙、丁、戊、己、庚七种类型，其中乙肝是流行最广泛、危害最严重的一种传染肝炎。据统计，全世界无症状乙肝病毒携带者（HBsAg 携带者）超过 2.8 亿，我国约占 1.3 亿，多数无症状，其中 1/3 出现肝损害的临床表现。目前我国有乙肝患者 3000 万。

1. 乙肝是什么

乙型肝炎是由乙肝病毒（HBV）引起的、以肝脏炎性病变为主病、可引起多器官损害的一种传染病。本病广泛流行于世界各国，主要侵袭儿童及青壮年，少数患者可转化为肝硬化或肝癌。因此，它已成为严重威胁人类健康的世界性疾病，也是我国当前流行最为广泛、危害性最严重的一种传染病。

乙型肝炎临床表现为乏力、食欲减退、恶心、呕吐、厌油、腹泻及腹胀，部分病例有发热、黄疸，约有半数患者起病隐匿，在检查中发现，乙肝病毒感染人体后，广泛存在于血液、唾液、阴道分泌物、乳汁、精液等处，主要通过血液、性接触、密切接触等传播，所以乙肝发病具有家族性。

乙型肝炎无一定的流行期，一年四季均可发病，但多属散发。近年来乙肝发病率呈明显增高趋势。专家提醒您：应避开流行区域，注意卫生习惯，改善居住条件，积极采取防治措施。

2. 乙肝对人体的危害

肝炎中危害最大的是乙型肝炎。这是因为感染后，可以成为无症状病毒携带者。新生儿期及 3 岁以下的婴幼儿感染后大多数成为表面抗原或病毒携带者，这些携带者中的一部分能发展成急、慢性乙型肝炎、肝硬化或肝癌。因为肝硬化和肝癌发展历程很长，大约需 30－40 年，故婴幼儿感染了乙型肝炎病毒并成为病毒携带者，发展成肝硬化和肝癌的可能性要大于成年人乙型肝炎病毒感染。但这里不是说凡是感染过乙型肝炎病毒的人都会有不好的后果，而是指那些感染了乙型肝炎病毒，迁延不愈，血中总带有乙型肝炎表面抗原或乙型肝炎病毒的人及慢性乙型肝炎患者。这些人很难治愈，慢性乙型肝炎病人中 25% 前景不好，但有 75% 的人仍然有恢复的可能。

3. 大三阳和小三阳

在乙型肝炎者的血液中检查测出表面抗原、e 抗原、核心抗体，如果同为阳性，在临床上称为“大三阳”；在其血液中检测出表面抗原、e 抗体、核心抗体，如同为阳性，在临床上称为“小三阳”。

大三阳阳性说明乙型肝炎者的病毒在人体内复制活跃，带有传染性，如同时转氨酶又高，宜应注意尽快隔离，因为乙肝是最具有传染性的一类肝炎；如小三阳阳性，说明病毒在人体内复制减少，传染性减小，如肝功能正常，又无症状，称之乙型肝炎病毒无症状携带者，传染性小，不需要隔离。

4. 乙肝的传播途径

（1）血源性传播：接受被乙肝病毒污染的血液或血制品。

（2）母婴传播：乙肝病毒能通过胎盘传播（宫内传播），或在孕妇分娩时从产道传播（产期传播）。

（3）医源性传播：如医疗器械被乙肝病毒污染而未经消毒或处理不当可造成传播。

（4）性接触传播：性乱交、同性恋性接触及夫妻之间性生活未采取防护措施。

（5）密切接触传播：乙肝患者或携带者的血液、精液、阴道分泌物、乳汁都可能含有乙肝病毒，可污染器具、物品而具有传染性。比如日常生活密切接触（如同用一个牙刷、毛巾、茶杯和碗筷），都有受感染的可能。

5. 预防乙肝注意事项

（1）乙肝疫苗预防：接种乙肝疫苗是预防 HBV 感染的最有效方法。乙肝疫苗的接种对象主要是新生儿，其次为婴幼儿和高危人群。未感染乙肝的社会人群也属于接种对象。乙肝疫苗全程共接种 3 针，按照 0、1、6 个月接种程序。新生儿接种乙肝疫苗越早越好，要求在出生后 24 小时内接种。

（2）传播途径预防：大力推广安全注射（包括针刺的针具），对牙科器械、内镜等医疗器具应严格消毒。医务人员应严格按照《医院感染管理办法》中的相关规定，在接触患者的血液、体液及分泌物时，均应戴手套，严格防止医源性传播。服务行业中的理发、刮脸、修脚、穿刺和纹身等用具也应严格消毒。注意个人卫生，不共用剃须刀和牙具等用品。

（3）意外接触 HBV 后预防：在意外接触 HBV 感染者的血液和体液后，可按照以下方法处理：血清学检测；主动和被动免疫。

（4）对患者和携带者的管理：各级医务人员诊断急性或慢性乙型肝炎患者时，应按照传染病防治法的规定，及时向当地疾病预防控制中心（CDC）报告，建议对患者的家庭成员及其他密切接触者进行血清 HBsAg、抗 - HBc 和抗 - HBs 检测，并对其中的易感者接种乙肝疫苗。

六、非典型肺炎

1. 非典型肺炎（以下简称“非典”）

非典又叫“严重急性呼吸道综合症”。一般是由病毒、支原体、衣原体、立克次体或其他微生物引起的肺部病变的急性传染性疾病。2003 年暴发流行的“非典”的病原体是什么呢？世界卫生组织（WHO）负责传染病的执行干事戴维·海曼于 2003 年 4 月 16 日在瑞士宣布，经过全球 10 个国家和地区的 13 个实验室的科研人员奋力攻关，得出一致结论，正式确认冠状病毒的一个变种是引起此次爆发非典型肺炎的病原体。科学家们说，变种冠状病毒与流感病毒有亲缘关系，但它非常独特，以前从未在人身上发现，因国际上将此次流行的“非典”称为SARS，故科学家将其命名为“SARS病毒”。

2. 临床表现

（1）潜伏期：SARS的潜伏期通常限于2周之内，一般约2～10天.

（2）临床症状：急性起病，自发病之日起，2～3周内病情都可处于进展状态，主要有以下三类症状：

1）发热及相关症状：常以发热为首发和主要症状，体温一般高于38℃，常呈持续性高热，可伴有畏寒、肌肉酸痛、关节酸痛、头痛、乏力。在早期，使用退热药可有效；进入进展期，通常难以用退热药控制高热，使用糖皮质激素可对热型造成干扰。

2）呼吸系统症状：可有咳嗽，多为干咳、少痰、少部分患者出现咽痛，常无上呼吸道其他症状。可有胸闷，严重者渐出现呼吸加速、气促，甚至呼吸窘迫，呼吸困难和低氧血症多见于发病6～12天以后。

3）其他方面症状：部分患者出现腹泻、恶心、呕吐等消化道症状。

（3）体征：SARS患者的肺部体征常不明显，部分患者可闻少许湿罗音，或有肺实变体征，偶有局部叩浊、呼吸音减低等少量胸腔积液的体征。

3. 预防措施

（1）避免前往人口稠密的地方。

（2）通风良好：保持室内空气流通，经常开窗通风。乘公共汽车或出租车时要开窗通风。

（3）注意个人卫生：勤洗手，保持双手清洁，并用正确方法洗手，用皂液，流水洗手，时间在30秒以上。双手被呼吸系统分泌物弄污后（如打喷嚏后）应洗手。应避免触摸眼睛、鼻及口，如需触摸，应先洗手。

（4）注意均衡饮食、定时进行运动、有足够休息、减轻压力和避免吸烟，以增强身体的抵抗力。

（5）公共场所经常使用或触摸的物品定期用消毒液浸泡、擦拭消毒。

（6）在公共场所人群拥挤的地方可以戴16层纱布口罩。但在空旷的地方活动或在大街上行走就没有必要戴口罩。

（7）避免探视病人。

（8）打喷嚏或咳嗽时应掩口鼻。

七、甲型H1N1流感

1. 什么是甲型H1N1流感

2009年3月，墨西哥和美国等先后发生甲型H1N1流感，其病毒为A型流感病毒、H1N1亚型猪流感病毒毒株，该毒株包含有猪流感、禽流感和人流感三种流感病毒的基因片断，是一种新型猪流感病毒，可以人传染人。

世界卫生组织宣布从4月30日起，开始使用“A（H1N1）型流感”而非“猪流感”来指代当前疫情。按国内中文表述的惯例称为“甲型H1N1流感”。

2. 甲型H1N1流感的症状

潜伏期一般1至7天左右，普遍易感，以青壮年为主。

早期症状与普通流感相似，包括发热、咳嗽、喉痛、身体疼痛、头痛、发冷和疲劳等，有些还会出现腹泻或呕吐、肌肉痛或疲倦、眼睛发红等。墨西哥发现病例还出现眼睛发红、头痛和流涕等症状。

部分患者病情可迅速进展，来势凶猛、突然高热、体温超过39℃，甚至继发严重肺炎、急性呼吸窘迫综合征、肺出血、胸腔积液、全血细胞减少、肾功能衰竭、败血症、休克及Reye综合征、呼吸衰竭及多器官损伤，导致死亡。

人感染猪流感的预后与感染的病毒亚型有关，大多预后良好；而感染H1N1者预后较差，病死率约为6%。

3. 预防措施

（1）避免接触流感症状（发热、咳嗽、流涕等）或肺炎等呼吸道病人。

（2）注意个人卫生，经常使用洗手液（肥皂）和清水洗手，尤其在咳嗽或打喷嚏后。

（3）避免接触生猪或前往有生猪的场所。

（4）避免前往人群拥挤场所。

（5）咳嗽或打喷嚏时用纸巾遮住口鼻，然后将纸巾丢进垃圾桶。

（6）如果生病了，请留在家中，并减少与他人接触，避免感染他人。

（7）尽量避免触摸自己的眼睛、鼻子或嘴巴，因为病菌可以通过这些途径进行传播。

【阅读材料】2009年6月8日，科研人员在进行毒株种子批的制备工作。当日，来自美国的甲型H1N1流感疫苗生产用毒株NYMCX－179A，从美国运抵北京，并经过通关、检验检疫等手续后，送抵北京科兴生物制品有限公司。已经完成疫苗临床研究工作的北京科兴当晚启动了毒株种子批的制备工作，这标志着甲型H1N1流感疫苗的批量生产正式启动，7月22日，北京科兴、华兰生物两家企业研制的甲型H1N1流感疫苗分别进入临床试验阶段。

习　题

一、选择题

1. 在室外遇到雷雨时，下面哪种做法不容易出现危险（　　）。

A. 躲到大树下　　B. 躲到广告牌下

C. 无处可躲时，双腿并拢、蹲下身子　　D. 冒雨奔跑

2. 变质的食品（　　）。

A. 可以食用　　B. 重新加热、可以食用
C. 重新加热、也不能食用
3. 火灾时脱身不正确的是（　　）。
A. 当处于烟火中，烟太浓，卧地爬行，并用湿毛巾蒙着口鼻
B. 遇山林火灾时，朝下风方向跑
C. 山林火灾时，朝上风向跑
D. 当楼房发生火灾时，若火势不大，可用湿棉被，毯子等披在身上从火中冲出去
4. 着火时，当楼梯已被烧断，通道已被堵死，下列方法不妥当的是（　　）。
A. 立即从楼上往下跳
B. 比较低的楼层，可以利用结实绳索（也可用床单，窗帘布等物撕成条拧结成绳）拴好绳索，沿绳爬下
C. 若被困于二楼，也可以先向外扔被褥坐垫子，然后攀着窗口或阳台往下跳
D. 可以转移到其他比较安全的房间，窗边或阳台上，耐心等待消防人员援救
5. 救护溺水者不恰当的方法是（　　）。
A. 携带救生圈、木板等漂浮物去救人　　B. 在岸边用长竹竿扔向落水者
C. 让被落水者的同学紧紧抱住，游向岸边
6. 在预防饮食安全方面做的不妥当的是（　　）。
A. 购买和食用定型包装食品时，要查看有无生产日期，保质期、生产单位
B. 餐具要卫生，要有自己的专用餐具
C. 在外就餐时，选择较为便宜的无证无照的“路边摊”
7. 下列乘车较为安全的行为是（　　）。
A. 在道路中间拦车　　B. 上下车时先下后上、排队上车
C. 乘坐无牌、无证车　　D. 车辆行驶时，头、手可以伸出窗外
8. 在骑自行车时下列行为安全的是（　　）。
A. 一手骑车，一手撑伞　　B. 骑车转向时，伸手示意
C. 在机动车道上行驶　　D. 逆向行驶
9. 运动创伤中重度擦伤不妥当处理是（　　）。
A. 冷敷法　　B. 抬高四肢法　　C. 热敷法　　D. 绷带加压包扎法
10. 坐在火车上，对面的叔叔请你喝他带的可乐，你觉得哪种做法最妥当（　　）。
A. 向他表示感谢，但不接受他的可乐　　B. 接过可乐，并说声“谢谢”
C. 不吭声、保持沉默
11. 放学路上如果被陌生人跟踪，最不可取的做法是（　　）。
A. 跑到人多的地方　　B. 打 110 报警　　C. 赶紧跑回家
12. 当你独自在家，有陌生人敲门时，最好的做法是（　　）。
A. 始终不开门　　B. 觉得对方的理由充分就开门
C. 把门打开，问他有什么事
13. 如果在校外有人向你勒索金钱，事后你最应该（　　）。
A. 不能让任何人知道这件事，免得遭报复

B. 以后每天带点钱，免得没钱挨打

C. 尽快告诉爸爸妈妈或老师

14. 如果被绑架，你觉得对自己更有利一些的做法是（　　）。

A. 大声斥责绑架者　　B. 绝食

C. 假装与绑架者合作，然后再伺机逃跑

15. 油锅着火时，正确的灭火方法是（　　）。

A. 用水浇　　B. 用锅盖盖灭

C. 赶快去端油锅

16. 在火场中，充满了各种各样的危险：烈焰、烟雾、毒气等。下面几种保护措施，正确的是（　）。

A. 在火场中站立、直行，并大口呼吸　　B. 迅速躲避在火场的下风处

C. 用湿毛巾捂住口鼻，必要时匍匐前行

17. 当身上衣服着火时，立即采取的正确灭火方法是（　　）。

A. 赶快奔跑灭掉身上火苗　　B. 就地打滚压灭身上火苗

C. 用手拍打火苗，尽快撕脱衣服

18. 家中电视机着火了，错误的做法是（　　）。

A. 迅速拔掉电器电源插头，切断电源　　B. 灭火器直接对着荧光屏灭火

C. 用水灭火

19. 点蚊香要在（　　）点。

A. 窗口　　B. 桌子上　　C. 空地上

20. 我国通用火警电话号码是（　　）。

A. 110　　B. 119　　C. 120　　D. 122

21. 千万不要到（　　）去玩耍。

A. 沙滩　　B. 建筑工地　　C. 乐园

22. 乘坐汽车时，前排乘车人必须（　　）。

A. 侧坐　　B. 系好安全带　　C. 眼盯前方路面

23. 我国的道路通行原则是（　　）。

A. 右侧通行原则　　B. 左侧通行原则　　C. 中间通行原则

24. 当你走到马路中间的时候，有一辆车开了过来，你应该(　　)。

A. 赶紧往回跑　　B. 赶紧冲过马路

C. 站在马路中间的横线上让车辆通过

25. 下课了，下面的（　　）游戏方式可取。

A. 在操场上和同学一起跳绳、踢球　　B. 举行上楼梯比赛

C. 把楼梯扶手当滑翔机

26. 下面关于自然灾害时的自我保护，错误的做法是（　　）。

A. 听说有洪水，赶快去水边看看热闹

B. 遇到风暴时，赶紧离开有玻璃的门窗

C. 住在高楼上，地震时赶紧躲到卫生间、桌子旁边等空间狭小的地方

27. 下面的做法最不容易导致触电的是（　　）。
A. 刚洗过手未来得及擦干就去拔电源插头
B. 在电线杆附近放风筝
C. 在有“高压危险”字样的高压设备5米外行走
28. 当打开房门闻到燃气气味时，要迅速（　　）以防止引起火灾。
A. 打开排气扇通风　　B. 打开灯查找漏气部位
C. 打开门窗通风
29. 上课时遇到地震应（　　）。
A. 大家一起向外跑　　B. 迅速跳离逃生
C. 沿墙根抱头蹲下　　D. 蹲到各自的书桌旁边
30. 被狗咬伤后，该不该去打狂犬疫苗（　　）。
A. 假如自己养的狗没疯，就不用去
B. 假如伤口不大，就不用去
C. 无论如何都得去
31. 有人突然患病或受伤时，应该打（　　）电话求助。
A. 120　　B. 122　　C. 110　　D. 119
32. 我国法律明文规定禁止未满（　　）周岁人员进入网吧。
A. 12　　B. 16　　C. 18
33. 独自一个人在上学途中，下面做法错误的是（　　）。
A. 应陌生人的要求给其带路
B. 不吃陌生人的食物，不喝陌生人的饮料
C. 不随便接受陌生人的礼物
34. 发现有人触电，首先应该（　　）。
A. 切断电源　　B. 打急救电话　　C. 把触电者拉走
35. 吸毒和艾滋病是否有关（　　）。
A. 吸毒是一种违法行为，但是吸毒与艾滋病无关
B. 吸毒者会危害自己的健康和生命，也危害家庭和社会，但是吸毒与艾滋病无关
C. 共用注射器吸毒是传播艾滋病的重要途径，因此要拒绝毒品，珍爱生命

二、判断题（正确的打上“√”，错误的打上“×”）

1. 骑车可以推行、绕行闯越红灯。（　　）
2. 报火警时，要讲清楚起火单位、地址、燃烧对象、火势情况，并将报警人的姓名，所用的电话号码告诉消防队，以便联系。（　　）
3. 使用液化气要遵循“火等气”的操作规则，不能“气等火”。（　　）
4. 看完电视后，可以用湿冷抹布擦拭后盖及荧光屏。（　　）
5. 雷雨天可照常开电视机。（　　）
6. 电扇运转中发出焦味或冒黑烟，可正常使用。（　　）
7. 洪灾发生时，可以向高处走，并等待救援小组有序撤离。（　　）
8. 学生在校外遭遇暴力侵害时，先是逃跑，必要时采取防卫，同时一定要记住施

暴者的体貌特征，并及时报告警察和老师（ ）

9. 在课外体育活动时，准备活动做与不做无所谓。（ ）

10. 网上的不良内容不仅造成人的心理伤害，生理上也会出现伤害。（ ）

11. 脱臼的处理：动作轻巧，不乱伸乱扭，先冷敷，扎上绷带，使关节固定不动，再请医生矫治。（ ）

12. 抽筋的处理：运动时抽筋，可将肌肉轻轻拉直，加以按摩。（ ）

13. 在吃饭时嗓子突然被东西噎住了，应用水强迫冲下去。（ ）

14. 当人触电后，须先立即使病人脱离电源后，方可抢救。（ ）

15. 家里用的一次性打火机不会引起爆炸。（ ）

16. 如在室内发现煤气味，要立即开窗。（ ）

17. 行人通过路口或者横过道路，应当走人行横道或者过街设施。（ ）

18. 机动车驾驶员在驾驶机动车时可以拨打手提电话。（ ）

19. 对于肇事逃逸的车辆应记住其车牌号码与车型并迅速报警处理。（ ）

20. 上体育课时，穿不穿运动衣和运动鞋无所谓。（ ）

21. 饮水讲卫生，不喝生冷水。（ ）

22. 打雷时，要就地蹲下，远离旗杆、高塔、烟囱、大树等。（ ）

23. 在校内劳动时要特别注意，擦拭电器时应先关闭电源。（ ）

24. 行人穿越马路要走横道线。（ ）

25. 游泳时千万不要在水中打闹，以免呛水或受伤。（ ）

26. 吸烟既危害健康，又容易引起火灾。中小学生“行为规范”中要求在校学生不要吸烟。香烟中含有尼古丁等剧毒物。（ ）

27. 萧军因为在学校的游泳比赛中获得冠军，所以假期他去游泳从不要父母陪伴。他说：“我是冠军，用不着担心的。”（ ）

28. 发生电器火灾时，首先应断电。（ ）

29. 教学楼发生火灾，如果楼道中只有烟没有火时，同学们可用湿手巾捂住口鼻，采用低头弯腰的姿势逃离现场。（ ）

30. 小明学习很刻苦，经常学习到深夜。为了不影响他人休息，他在床头60瓦的灯泡上安装了一个自己用纸制作灯罩。（ ）

31. 小海和晓冬在楼道内比赛跑步。（ ）

32. 在山上游玩时，要正确利用树木来识别方向：树冠大、枝叶茂盛的一侧是南方；树干阴湿多苔藓、树皮粗糙的一侧是北方。（ ）

33. 过马路时应该先看左边，走到路中央时再看右边。（ ）

34. 乘车时，若头昏，最好是把头伸出车外，既可以呼吸新鲜空气，又可以观赏风景。（ ）

35. 无论那种野菜、野果、野蘑菇都是纯天然植物，可防癌，应多吃。（ ）

36. 上体育课最好不带与体育课无关的物品，如别针、小刀等金属、硬物。（ ）

37. 去爬山不必要带饮用水，到时候找点山泉水喝喝更清甜。（ ）

38. 小狗、小猫身上不带有细菌，所以可将它们当作宠物喂养。（ ）

三、简答题

1. 在家遇到烫伤，马上要做的第一件事是什么？
2. 取出刺入喉部的鱼刺，最可靠的方法是什么？
3. 国际通用的求救信号是什么？
4. 如果逃生需要穿过浓烟密布而且很长的走廊时，应该怎么办？

参考文献

张剑虹，胡震. 2006. 安全教育知识读本. 北京：开明出版社.

安全文化网.

交通安全知识网.

三九急救网.

www. csnn. com. cn/images/2006/r_ 060319033. JPG